中央高校基本科研业务费资助出版

电化学水处理应用技术研究

邢璇◎著

中央民族大学出版社
China Minzu University Press

Dianhuaxue shuichuli jishu yingyong

中央民族大学青年教师博士文库

图书在版编目(CIP)数据

电化学水处理应用技术研究/邢璇著. —北京:中央民族大学出版社,2018.9 重印

ISBN 978-7-5660-1451-1

Ⅰ.①电… Ⅱ.①邢… Ⅲ.①电化学处理—水处理—研究 Ⅳ.①X703

中国版本图书馆 CIP 数据核字(2017)第 278991 号

电化学水处理应用技术研究

作　　者	邢　璇
责任编辑	李苏幸
责任校对	杜星宇
封面设计	舒刚卫
出 版 者	中央民族大学出版社
	北京市海淀区中关村南大街 27 号　邮编:100081
	电话:68472815(发行部)　传真:68932751(发行部)
	68932218(总编室)　68932447(办公室)
发 行 者	全国各地新华书店
印 刷 厂	北京建宏印刷有限公司
开　　本	787×1092(毫米) 1/16　印张:12.25
字　　数	230 千字
版　　次	2018 年 9 月第 2 次印刷
书　　号	ISBN 978-7-5660-1451-1
定　　价	48.00 元

目　录

第一章　绪　论

随着工业化进程的不断加快，越来越多的工业废水排放到环境中。据报道，目前我国污水排放总量中，工业废水所占比例极大。与此同时，通过工业废水排放进入环境中的污染物数量巨大。在总量增加的同时，污染物的种类也日趋复杂，许多工业过程如印染和纺织、制浆和造纸、炼油和焦化、医药、塑料、清洁剂、农药和杀虫剂等生产过程中都会排放出各种含有难降解有机污染物的废水，这些物质毒性强，具有较强的致癌、致畸和致突变的特性，传统的生物处理方法很难将其有效处理。因此，开发能高效处理生物难降解废水的高级氧化技术成为当前环境领域的热点问题。

1.1　高级氧化法

高级氧化技术（Advanced Oxidation Processes，AOPs）是利用各种不同的化学反应，产生强氧化性的自由基团如羟基自由基（·OH）等，再利用这些自由基团与有机化合物作用，将水体中的大分子物质破坏，最终使之氧化降解成为低毒或无毒的小分子物质，直至矿化成为 CO_2 和 H_2O 的技术。活性自由基团与有机物之间发生的反应分为加合、取代、电子转移三类，具备发生这类化学反应结构的有机物极易与自由基作用被氧化去除掉。这项技术的特点在于：（1）以·OH 作为主要氧化剂，反应生成大量·OH，依靠·OH 参与有机物的矿化过程；（2）反应速度快，·OH 超强的反应活性使氧化反应速度极快，反应速率常数可达 10^6—10^9 $m^{-1}s^{-1}$；（3）无选择性。较强的反应活性使几乎所有有机物均可被·OH矿化，无二次污染；（4）以诱发链反应作为主要特征，由于·OH 的电子亲和能高达 569.3 kJ，可直接与饱和烃中的氢原子反应；（5）可与多种处理技术联用，既可作为预处理手段，提高污水的可生化性，提高后续生物处理法的效果，也可作为深度处理手段，使生物处理质量不能达标的水可达标排放（孙贤波等，2002）。

高级氧化技术的种类主要包括湿式空气氧化法、超临界水氧化法、化学试剂氧化法、超声化学氧化法、光化学氧化法和电化学氧化法等。湿式氧化（Wet Air Oxidation）是以空气中的氧气作为氧化剂，将液相中的有机物氧化降解成 CO_2 和 H_2O 等小分子的化学过程，这一反应的发生需要在高温和高压的条件下才能完成（Wu et al.，2013）。湿式氧化的条件为 $T < 320$ ℃，$P < 20$ MPa，使用时需要相应的设施和设备，投资和运行费用高，为了取得较好的效果，反应中需要使用催化剂，但也因此存在催化剂中毒、致污等失活现象，损耗较大。超临界水氧化（Supercritical Water Oxidation）是指在超临界水中使有机物和氧气达到较高浓度的同时迅速反应的氧化法，超临界水反应的条件为 $T > 374$ ℃，$P > 22$MPa，该法由于反应迅速、氧化彻底而越来越受到人们的关注，但是存在反应温度和压力高，需要专门的设备，反应停留时间较长等缺点，这种方法在国外已经处于应用阶段，但目前在国内仍侧重于理论研究（Lu et al.，2013）。化学试剂氧化法是利用化学氧化剂，如臭氧、过氧化氢、高锰酸钾、Fenton 试剂等去除水中难降解有机污染物的方法（Moravia et al.，2013）。超声波氧化（Ultrasonic Oxidation）是利用高频声波作用于水溶液，使水以及溶解在溶液中的 N_2 和 O_2 发生自由基裂解反应，产生·OH，N·和 O·，再依靠这些自由基进一步引发链式反应，将难降解有机物矿化去除，这种方法的优点在于降解速度快，适用范围广，缺点在于处理效率低和费用高（Liu et al.，2013）。光催化氧化法（Photocatalytic Oxidation）是利用具有光催化能力的半导体材料如 TiO_2 等吸收自然环境中的近紫外光（290～400 nm），形成电子和空穴的分离，电子与空穴在水体中与水分子反应形成强氧化性基团，进而与有机物反应将其氧化去除。常见的半导体催化剂主要有 TiO_2、ZnO、CdS、WO_3 和 SnO_2 等，尤其以锐钛型 TiO_2 稳定性和活性最佳，在紫外光的照射下，TiO_2 产生高活性的光生空穴和电子，形成活性极强的氧化—还原体系，经一系列反应之后产生大量高活性自由基，在众多自由基中，·OH 是主要的一种。该法具有设备结构简单、反应条件温和、容易控制等优点，但也存在催化剂容易失活和难以分离，以及对浊度较大的有机废水不适用等问题（Fang et al.，2013）。

电化学氧化法是指利用污染物在电极表面直接失电子或利用电场作用下产生的具有强氧化能力的羟基自由基或其他活性物质，将普通生物法难以去除的有机物氧化降解，使之去除毒性直至实现完全矿化的方法（冯玉杰等，2002）。相较于传统的高级氧化技术，电化学氧化法具有以下优点：（1）利用电子在有机物和电路系统中的转移促使反应的进行，无须外加氧化试剂，无药剂成本以及由外加试剂带来的二次污染问题；（2）反应条件控制方便，通过改变外加电压、电流可以对反应实时调节；（3）利用羟基自由基等作为反应试剂，这类氧化剂对有机物矿化彻底，可以将污染物降解为 CO_2、H_2O 和简单有机物，无二次污染；（4）常温常压下反应即可发生，反应条件温和；（5）反应器设备体积小，构造较为简单，成本较低；（6）对于排污量较小的水质可原位即时处理，简便易行；（7）除了可以利用阳极矿化降解有机物外，还可以利用阴极还原水中的重金属离子，实现废水资源化处理；（8）可以方便快捷地与其他工艺组合，既可以作为前处理手段，提高废水的可生化性，也可以作为深度处理的方法；（9）设备占地面积小，组装简便，较适合土地紧张和场地受限地区的水处理。因此，电化学水处理技术被称为"环境友好"技术。目前，电化学氧化技术因其在水处理方面不可替代的优势，以及在绿色工艺方面的极大潜力，受到了广泛的研究和关注。

1.2 电化学氧化法

1.2.1 电化学氧化原理

电化学氧化分为直接氧化和间接氧化两种，直接氧化是有机物在电极表面直接失电子被氧化的过程；间接氧化是指利用电极表面产生的强氧化性物质与有机污染物发生的氧化还原反应的过程，根据活性物质的可逆性又可以分为可逆和不可逆的间接电化学氧化两种。氧化过程见图 1—1。

（1）直接电化学氧化

直接电化学氧化过程是指有机物在电极表面直接失电子或与电极表面上产生的强氧化剂 ·OH 相互作用，被氧化降解成毒性较弱或易生物降解的物质，甚至直接矿化成为 CO_2。有研究者（Comninellis，1994）将电极表面生成的 ·OH 分为两类，一类是物理吸附的活性氧，即物理吸附态的 ·OH；一类是化学吸附的活性氧，即由 ·OH 氧化电极材料进而进入氧化物晶格中形成的化学吸附态的氧原子。根据物质氧化程度的不同，直接电化学氧化法又可以分为两类，一类是电化学转化（conversion），一类是电化学燃烧（combustion）。电化学转化即有机物未被完全矿化去除，而是被转化为无毒的物质或者易生物降解物质，以便后续进一步实施生物处理；电化学燃烧是指有机物被彻底氧化，矿化成为稳定的无机物，如 CO_2 等，避免二次污染。具体氧化机理如图 1—2 所示。

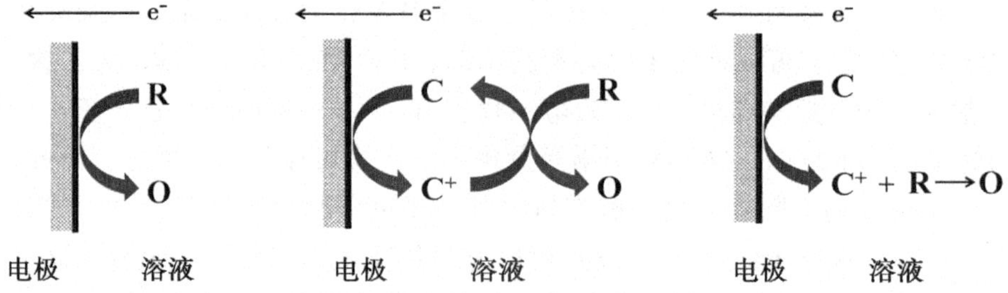

（a）直接电化学氧化　（b）可逆间接电化学氧化　（c）不可逆间接电化学氧化

图 1—1　电化学氧化原理示意图

R 为污染物，O 为氧化产物，C 为中间活性物质

Fig. 1—1　Diagram of electrochemical oxidation mechanism

R：pollutants，O：products，C：mediators.

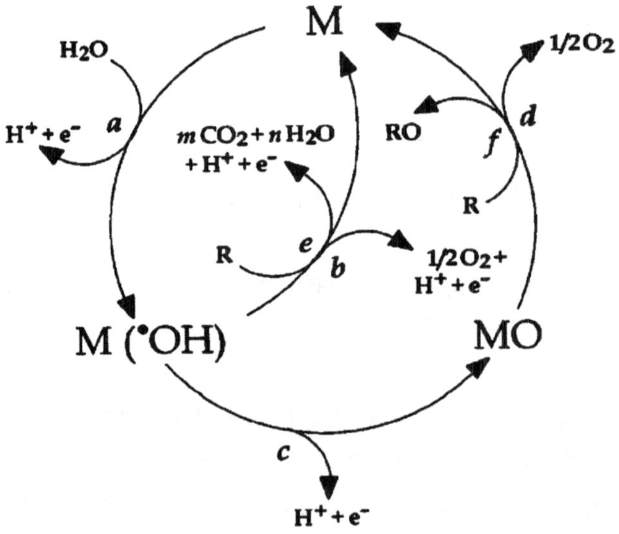

图 1—2　有机物在金属氧化物电极（M）表面的氧化过程图

Fig. 1—2　Electrochemical oxidation processes for organic pollutant on Melectrode.

电极材料是决定电化学氧化机理的最主要的影响因素，例如在 Pt，IrO_2 和 RuO_2 电极表面，依靠化学吸附态氧作为主要氧化剂，有机物主要发生电化学转化，最终形成脂肪酸等物质；在 PbO_2，SnO_2 和掺硼金刚石薄膜电极（Boron-doped Diamond Electrode，BDD）电极表面，主要发生电化学燃烧，有机物最终被完全矿化为 CO_2 和 H_2O。

（Ⅰ）电化学燃烧的主要化学反应过程如下：

首先 H_2O 或者 OH^- 通过阳极放电产生物理吸附态的羟基自由基（·OH）：

$$M + H_2O \rightarrow M(\cdot OH) + H^+ + e^- \quad (1—1)$$

由于羟基自由基是一种非常强的氧化剂：

$$E^0(\cdot OH, H^+/H_2O) = 2.72\ V/NHE\ (pH = 0)$$

$$E^0(\cdot OH, H^+/OH^-) = 1.89\ V/NHE\ (pH = 11)$$

吸附在电极表面的羟基自由基可以与有机物发生电化学燃烧反应，这些反应主要包括脱氢，亲电加成等，可以使有机物逐步降解直至完全矿化：

$$R + M(\cdot OH) \rightarrow M + CO_2 + mH^+ + ne^- \quad (1—2)$$

（Ⅱ）电化学转化。

吸附在电极表面的羟基自由基也能与阳极材料发生快速的氧化反应，氧从羟基自由基快速转移到氧化物晶格上，形成高价态的氧化物（MO）：

$$M(\cdot OH) \rightarrow MO + H^+ + e^- \quad (1—3)$$

之后 MO 与有机物发生选择性氧化反应，即电化学转化：

$$R + MO \rightarrow RO + M \quad (1—4)$$

（Ⅲ）副反应。

在发生反应（1—2）和（1—4）的同时，还存在如下副反应：

$$M(\cdot OH) \rightarrow 1/2O_2 + MO + H^+ + e^- \quad (1—5)$$

$$MO \rightarrow 1/2O_2 + M \quad (1—6)$$

由此可见，要提高电化学氧化的效率必须提高反应（1—2）和（1—4）所占比例，降低反应（1—5）和（1—6）所占比例，否则大部分的电能都会浪费在将水分解成氧气上，而非全部用于有机物的转化和燃烧。

（2）间接电化学氧化

间接电化学氧化是依靠电极表面生成的强氧化剂与溶液中的有机污染物反应将其氧化降解的方法，这种方法分为不可逆间接电化学氧化和可逆间接电化学氧化两种（王爱民等，2002）。在不可逆间接氧化过程中，氧化剂主要是电极表面产生的强氧化性的活性物质，主要包括溶剂化电子 e_s，·OH，O_2^-·，HO_2·，O_3、H_2O_2 等。若溶液中有 Cl^- 存在，Cl^- 会在电极表面发生反应，生成 Cl_2、HClO 和 ClO^- 等氧化剂，这些氧化剂生成后参与的反应是不可逆的，只有在电化学反应过程中才能产生，一旦电流中断，这些物质就不再存在。可逆间接电化学氧化反应依靠可逆的氧化还原电对来进行，这些氧化还原电对多为金属离子电对，在反应过程中，低价态的金属离子在阳极上被氧化成为具有强氧化性的高价态离子，再由高价态离子氧化有机污染物，而其自身则被重新还原到低价态，这一过程不断循环（Franklin et al.，1991；Franklin et al.，1992）。这类金属氧化物包括 BaO_2、MnO_2、CuO 和 NiO 等，它们悬浮在溶液中，在电化学过程中被氧化成高价态，而高价态物质降解有机污染物时，其本身又被还原成原来的价态，从而可以周而复始达到循环利用的目的（杨少霞等，2003）。同样也可以将氧化还原物质（如 SnO_2、CrO_3 和 Sb_2O_3）固定在电极的表面，可以避免烦琐的分离过程。表 1—1 为电化学系统中常见的强氧化性物质及其标准的氧化还原电势。

表 1—1 电化学系统中常见的强氧化性物质及其标准的氧化还原电势

Table 1—1 Strong oxidants and their standard electrode potential vs. SCE

强氧化剂的种类	标准电极电势/V（SCE）
·OH	2.80
O_2^-·	2.42
HO_2·	2.07
O_3	1.78
H_2O_2	1.70
HClO	1.49
Cl_2	1.39

这种氧化方法的氧化能力的强弱与氧化还原电对的电极电位密切相关，并且氧化反应需要在高酸性条件下才能发生，由于介质材料多为重金属，使用过程中也存在重金属带来的二次污染问题。

1.2.2 电极材料分类

在电化学系统中，不管是直接氧化还是间接氧化，所有反应均是在电极材料表面发生的，因此，电极材料是电化学氧化法的最关键因素。对于电极材料而言，除了需要具备优良的导电性、较高的机械强度、便捷的加工性能以及较为低廉的价格等因素之外，还需要具备较高的析氧电位、较为持久的稳定性等以便其在电化学反应中发挥有效作用（冯玉杰等，2004；张乐华等，2002）。目前电极材料主要可以分为以下几类：

（1）碳素电极

碳素电极主要包括石墨、玻璃碳、碳纤维以及近年新发现的碳族化合物等。在氯碱工业中，碳素电极的应用非常广泛。这类电极具有较好的化学和机械稳定性、较宽的电势窗口、和较强的电催化性能等，且具有比表面积大，表面修饰快捷方便等优点。同金属电极如铂、金等相比，它具有价格便宜、表面通过研磨可以再生、氢过电位和溶解氧的还原过电位小等特点。但是在酚类的去除研究过程中，也出现了形成大量难降解聚合物而导致的电极钝化，电解效率低，能量消耗大，降解效果不佳等问题，使这类电极在有机物的去除过程中受到了一定限制（Drogui et al.，2001；Gattrell and Kirk，1990）。

（2）金属电极

金属电极以各类金属作为电极材料，如钌、钯、钼、金、锡、镉、铂等，这类电极制作简单，导电性好，在实际中应用较为广泛；但是这类电极也极易钝化，作为阳极材料使用时表面极易氧化形成致密的聚合物薄膜而失活（冯玉杰等，2004；王营茹，王莉，2009），反应中也往往存在金属溶出等问题，导致电极材料的腐蚀（$Fe \rightarrow Fe^{2+}$；$Cu \rightarrow Cu^{2+}$）。在各类金属电极中，惰性金属电极比较耐腐蚀，如 Pt 电极等，化学性质稳定、析氧电位高、氢过电位低，因而得到了广泛的应用，但其电催化活性也不高，处理废水所需时间长，效率低，且电极易因污染而失活，因此限制了其在水处理中的应用（Bagastyo et al.，2013；Tavares et al.，2012；Zaleschi et al.，2012）。

（3）DSA 电极

DSA（Dimensionally Stable Anode）电极，又被称为钛基涂层电极，是在钛基极板上覆涂各种不同的氧化物涂层所制备得到的电极，表面覆涂的氧化物层不同则制备得到的电极性质有差异，因此只需改变氧化物膜的材料组成和制备方法即可得到不同性能的电极。近 30 年来，DSA 电极发展迅速，对于其制备方法、电催化氧化机理等的研究日益深入，DSA 电极已在许多领域获得了应用。目前所使用的金属氧化物电极主要有 IrO_2、RuO_2、SnO_2、PbO_2 和 BDD 电极等。

钛基钌系电极：Ti/RuO_2 电极在处理有机废水方面取得了较好的效果，但对某些污染物的处理效果一般，表明了这种电极较强的选择性（闫鹤等，2004）。在使用过程中，该电极往往会出现如下问题：（1）在基地和涂层之间形成不导电氧化物膜，在钛基体上预先制备一层中间层联结基地和涂层可以有效解决这一问题，中间层需具有良好的导电性，且不易被氧化并能够阻止氧的扩散等。（2）氧化物的溶解，当电极电位在 1.387V 以上时，RuO_2 会被氧化成 RuO_4（崔成强，姚士冰，1990），利用 IrO_2 代替 RuO_2 可以有效解决这一问题，IrO_2 性能与 RuO_2 相似但自身不易被氧化，因而制备得到的电极寿命较长。（3）电极半导体功能的丧失，这一问题主要是由氧原子扩散所引起，通过在涂层中加入价态小于 4 的阳离子如 Co^{2+}，Ni^{2+}，Al^{3+}，Sn^{2+}，Sb^{3+} 等可以有效解决这一问题。

钛基铱系电极：IrO_2 晶体导电性较 RuO_2 略低，但其结晶度高，耐腐蚀性强，在酸溶液中性能稳定，是一种优良的析氧电极。目前研究认为 Ti/IrO_2 电极降解有机物主要依靠氧化电对 IrO_3/IrO_2 作为中介，在其表面生成 · OH 作为主要氧化剂来氧化降解有机物（史艳华，孟惠民，2011）。单纯的 IrO_2 涂层电极较易溶解和剥落，电极使用寿命极短，但在其中加入一些具有良好催化活性的金属如 Sn，Ta，Zr，Mn 等可以使 IrO_2 电极的使用寿命有效延长。此外，在材料制备过程中加入导电且致密的中间层对电极性能的改进作用也较好。

钛基锡锑系电极：通过在禁带宽度高达 3.5 eV 的 n 型半导体 SnO_2 晶体中掺杂 Sb 后制备得到的电极解决了纯 SnO_2 电极电阻率较高和导电性较差等问题。Tucki 等人于 1991 年研制开发的覆涂 Ti/SnO_2-Sb_2O_5 的电极具有高析氧电位，便宜的价格，优异的废水处理性能，在实际中应用广泛。涂层与基底之间易氧化生成 TiO_2 钝化膜和涂层表面锡被氧化形成的氢氧化锡缩短了 Ti/SnO_2-Sb_2O_5 电极寿命，针对这一问题，研究者提出通过掺杂不同金属元素来避免氢氧化锡钝化层的形成，加速阳极的氧传递反应（王静等，2005；尤宏等，2004）；中间层的加入也可以使外层与基地结合更加紧密，从而抑制 TiO_2 绝缘层的生长（胡吉明等，2002；刘小波等，2006）。

铅系电极：PbO_2 电极因价格便宜，导电性能好，抗腐蚀，具有较强的化学稳定性和较高的析氧电位等优点被认为是性能优良的金属氧化物电极，取代了贵金属 Pt 而被广泛应用于高氯酸盐生产工业中。这种电极在电化学过程中被广泛关注，但其重金属溶出问题不容小觑，一旦溶出造成的二次污染严重，另外电极的使用寿命也有待提高。

BDD 电极：关于 BDD 电极的研究始于 20 世纪 90 年代后期，这种电极具有寿命长，硬度高，强度大的特点，即使在较高的电位下依旧具有良好的稳定性；表面吸附能力较弱，避免了污染物在电极表面吸附导致的电化学活性下降问题；反应中以表面生成的自由态的 · OH 为主，浪费在析氧反应中的电能较少，电流效率远高于其他电极（Lawrence et al.，2006；Mascia et al.，2010；盛怡等，2006）。BDD 电极是目前公认相当有应用前景的电极，其优异的性能使它在电分析、电化学合成、电化学废水处理等方面都有极大的应用潜力。

1.2.3 电化学系统中其他氧化剂

根据氧化原理的不同，不同电极材料表面生成的活性物质也不一样。在非活性电极的表面，如 BDD、PbO_2 和 SnO_2 等，主要依靠水分解生成的羟基自由基作为氧化剂；而在活性电极表面，主要依靠电解水生成的羟基自由基与电极材料反应生成的吸附于电极表面的活性氧作为氧化剂，如 Pt、IrO_2、RuO_2 等。在不含氯的体系中，非活性电极表面生成的羟基自由基的氧化能力要远远高于活性电极表面形成的活性氧的氧化能力。不同电极材料不同电解质条件中生成的氧化物的总量如表 1—2 所示。

表 1—2 不同电极材料在不同电解质条件下生成的氧化物总量*

Table 1—2 Oxidants concentration at different anodes in different electrolyte

电极材料	电解质			
	NaCl	Na_2SO_4	$NaHCO_3$	NaH_2PO_4
BDD	219	26	1.46	1.24
Ti/RuO_2	333	0.12	0.33	0.24
Ti/IrO_2	288	1.02	0.01	0.34
$Ti/Pt\text{-}IrO_2$	240	0.05	0.22	0.31
Pt	163	0.03	0.32	0.26

* 等价成总氯，$mg \cdot L^{-1}$，电解质浓度为 0.1 M，电流密度为 100 $mA \cdot cm^{-2}$，电解时间为 5 min。

从表中所示内容可知，在不含氯的电解质溶液中，BDD 电极表面产生的活性物质远远高于其他几种活性电极，这主要是由于 BDD 电极以羟基自由基作为强氧化剂，并且由于电极表面较为光滑，· OH 主要以自由态存在于电极表面，相互作用发生析氧反应的可能性较弱，氧化能力强（Zhu et al.，2007；Zhu et al.，2008）。而在含氯的电解质溶液中，BDD 电极活性物质生成量方面的优势并不明显。这主要是由于不同电极的析氯反应机制不同，大多数电极表面活性氯的产生机制是氯离子在电极表面的直接氧化，而在 BDD 电极表面，这种直接氧化反应的机制较弱，活性氯的产生可能主要缘于·OH 与氯离子之间的反应（Bergmann et al.，2002）。

1.3 BDD 电极制备及应用

BDD 电极的制备原理是模拟金刚石形成的环境中，利用 CH_4 和 H_2 作用，在基体上（如钛基板）上沉积形成金刚石薄膜。传统的金刚石薄膜是良好的绝缘体，为了使之具有导电的特性，在金刚石薄膜的生长过程中需要掺杂一些杂元素，使原本完美的晶体出现缺陷，使之具备导电的能力，可以进一步应用于电化学过程中。这种金刚石薄膜电极材料具有良好的物理化学性能，在化学和生物等各个领域均显示出了极好的应用前景，受到了广泛的关注。这种材料应用于电化学领域具备了其他材料不可企及的优势，在水处理方面极具应用潜力。

1.3.1 BDD 电极材料的制备

金刚石是由碳原子构成的原子晶体，在高温，高压条件下，各个碳原子化学键均为 sp^3 杂化，并通过 σ 键与周围四个相邻的碳原子相互结合成为正四面体结构。单位晶胞结构中，各个碳原子高度对称，每个原子位于四面体的角顶及中心位置（Saito et al.，2011；Amano et al.，2012；Higa et al.，1996；Hutton et al.，2011；Lazea et al.，2012；Ozeki et al.，2007；Roul et al.，1999；Smirnov et al.，2011）。

金刚石物理性能优越，是目前自然界中硬度最大的材料。金刚石电阻率高达 $10^{16}\ \Omega\cdot cm$，是良好的绝缘体，制备中通过掺杂氮、硼、磷等杂元素可以使之具有半导体性质，因此掺杂之后的金刚石晶体可以成为制备高温半导体器件的优良材料。金刚石导热率高，热膨胀系数小，使用过程中即使温度剧烈变化材料也不会发生较大的形变。晶体结构中 C—C 键键长较小，键能极高，断键所需能量极大，因此金刚石晶体化学性质非常稳定，在室温下耐几乎所有的酸、碱及其他溶剂的腐蚀，常被用作抗腐蚀防护层。

金刚石性能优异，在多个领域均有重要应用，但在自然界中储量极少，且开采困难，因此，近年来，多种合成金刚石的方法被开发出来用以人工制备金刚石晶体。目前人工制备金刚石的方法可以分为化学气相沉积法（Chemical vapor deposition，CVD）和物理气相沉积法（Physical vapor deposition，PVD）两大类，具体分类如图 1—3 所示。

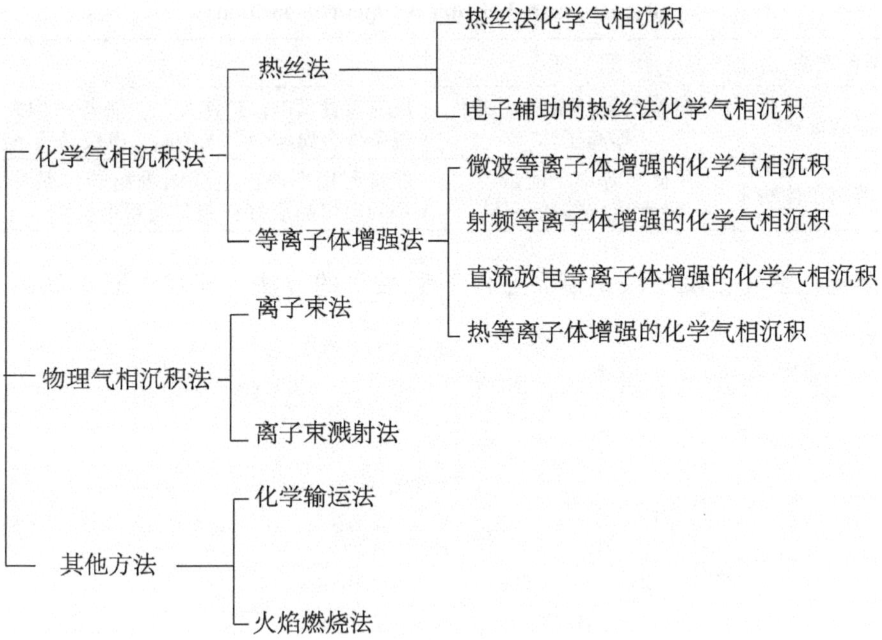

图 1—3 金刚石薄膜制备方法

Fig. 1—3 Praparation for boron-doped diamond membrane

PVD 法是在真空条件下，利用物理方法将材料电离为离子，之后沉积成为薄膜的方法，这种方法在制备非晶碳膜方面应用较广，但用于制备金刚石膜比较困难。CVD 法是通过高温热解或等离子激发将氢气离解为高活性的原子态氢，再由原子态氢与气相中的碳氢化合物（CH_4）发生化学反应形成碳氢化合物活性基团，这些基团在基片材料上沉积形成金刚石薄膜。基体表面大量原子氢的存在一方面能稳定金刚石表面的“悬挂键”，使得制备得到的金刚石膜表面以氢终端为主；另一方面可以防止材料表面石墨化，抑制非金刚石相的生长，使所有的碳相最终均转化为金刚石膜。

在各类 CVD 法中，热丝化学气相沉积（Hot filament chemical vapor deposition，简称 HFCVD）和微波等离子体化学气相沉积法（Microwave plasma-assisted chemical vapor depositon，简称 MPCVD）是应用最为广泛的方法（表 1—3）。

表 1—3 热丝法与微波等离子体法的比较

Table 1—3 Comparison of hot filament and microwave plasma-assisted chemical vapour deposition

制备方法	原 理	特 点
热丝法	高温金属丝激发生成等离子体	反应装置简单，操作方便，制备面积大；高温条件金属丝会引入杂质，电极品质不高
微波等离子体法	微波等离子能量激发生成等离子体	能量利用率高，生成的等离子体纯净，制备的电极品质好；制备面积难扩大

热丝化学气相沉积法是制备金刚石膜最早的方法，其基本原理如图 1—4 所示。

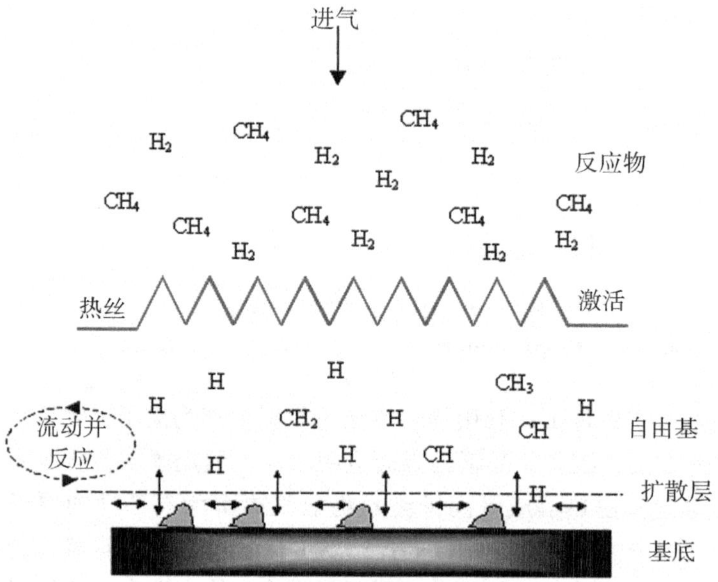

图 1—4 热丝气相沉积金刚石薄膜示意图

Fig. 1—4 Hot-filament chemical vapour deposition for diamond membrane growth

在加热热丝产生的高温（>2000℃）条件下，含碳气体（如 CH_4、C_2H_6O、C_3H_6O 等）和 H_2 解离后生成含碳基团和原子氢，这些基团活性极强，相互之间作用使碳—碳间的化学键向金刚石的杂化 sp^3 碳—碳键转化，最终在基底表面沉积形成金刚石膜（Ansari et al.，2008；Barbosa et al.，2006；Constant and Le Normand，2008）。热丝法的优点在于设备简单，成膜过程易控等。但这种方法也存在一些不足，如依靠热丝作热源导致热解效率低；金刚石膜的生长面积小，生长速率仅为 0.3—2 $\mu m\ h^{-1}$，速率较小；膜中含有非金刚石的成分，质地不均匀等。为了克服这些不足，往往需要在热丝和基片（基底）间加直流偏压并产生等离子体来提高热丝温度，或者通过严格控制碳源及辅助气体的参数来提高沉积形成的金刚石薄膜质量。

纯净的金刚石膜是不导电的，是一种绝佳的绝缘材料，电阻率高达 $10^{16}\ \Omega\cdot cm$ 以上。为了使之具有导电的特性，需要在膜中掺杂一些杂原子，从而改变其电学性质，将金刚石薄膜转变为半导体甚至导体，从而拓宽金刚石薄膜在电学领域的应用。受金刚石晶体的晶格常数和碳原子半径的限制，杂质原子在金刚石中掺杂度不宜过高且对原子的大小有严格的限制，因此给金刚石薄膜的掺杂制备带来了一定的问题。制备过程中的掺杂元素主要为硼、氮和磷，其他杂质原子由于很难进入晶格中的间隙位置，在掺杂过程中应用较少（Chen et al.，2008；Chepurov et al.，2008；Kalish，2001）。N，P 和 B 等，各元素能级如图 1—5 所示。

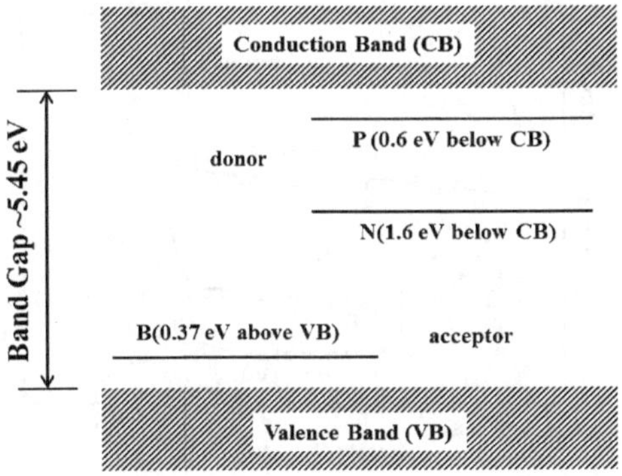

图 1—5 金刚石能级图（一维角度）

Fig. 1—5 Energy diagram of selected states in the band gap of diamond (one dimensional representation)

N 和 P 掺杂形成的为 n 型半导体，N 的电量迁移能在 1.6—1.7 eV，P 的电量迁移能在 0.6 eV 左右（Vaddiraju et al.，2004；Eaton et al.，2002）。B 是应用最为广泛的一种，其掺杂形成的金刚石薄膜为 p 型半导体（Kraft，2007）。B 具有较低的电量迁移能，在 0.37V 左右，掺杂了硼原子的金刚石薄膜类似于一种 p 型半导体。掺杂浓度较低的金刚石薄膜具有类似半导体材料的性质，掺杂浓度较高的金刚石薄膜具有类金属的性质，迄今为止，硼是金刚石中最成功的掺杂剂。

1.3.2 BDD 电极材料的特点

掺硼金刚石薄膜电极既具有金刚石致密、坚硬、耐腐蚀等优点，其具有的导电性使电极在电化学领域具备了其他电极所不具备的优异的电化学特性，如宽的电化学势窗、较低的背景电流、较好的物理化学稳定性以及低吸附特性等。

（1）宽电化学势窗：电势窗口（Potential Window）是指在水溶液中电极表面的析氧电位与析氢电位的电势差值，电势窗口是衡量电极材料电催化能力的重要指标，窗口越宽，特别是析氧电位越高，对于不同物质在电极表面发生直接氧化并形成氧化峰信号越有利。

各个电极的电势窗口如图 1—6 所示，从图中可以发现，BDD 电极电势窗口宽达 3.5 V，同条件下，玻碳电极的电势窗口为 2.8 V，铂和金电极分别为 1.7 V 和 2.0 V（vs. Ag/AgCl），相比而言，BDD 电极的电势窗口最宽。电势窗口越宽，

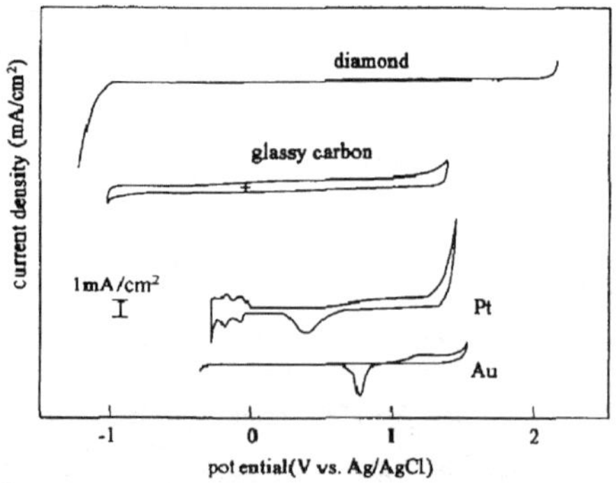

图 1—6 BDD 电势窗口与常规电极的对比

Fig. 1—6 Comparision of potention window between BDD anode and other electrodes

特别是析氧电位较高，可以使更多物质在电极表面的直接电化学氧化的峰得以展示，从而使利用氧化电位对有机物质进行电分析成为可能。目前，已经成功将BDD电极用于茶碱、生物胺等物质的分析检测，而常规玻璃碳、碳纤维电极由于其析氧电位低使许多物质的检测峰无法检测出来。与此同时，较高的析氧电位可高效率地产生强氧化性物质如羟基自由基，这类物质具有非常高的活性，能对有机物进行有效“催化焚烧”。表1—4中列出了常用电极的析氧电位（Kapalka et al.，2008）。

表1—4 常用阳极析氧电位 V vs NHE

Table 1—4 Potential of oxygen evolution at different anodes V vs NHE

阳极材料	析氧电位/V	析氧过电位/V	·OH 形态	氧化能力比较
RuO_2-TiO_2	1.4—1.7	0.18	化学吸附态	弱
IrO_2-Ta_2O_5	1.5—1.8	0.25	↑	↓
Ti/Pt	1.7—1.9	0.3		
Ti/PbO_2	1.8—2.0	0.5		
Ti/SnO_2-Sb_2O_5	1.9—2.2	0.7		
p-Si/BDD	2.2—2.6	1.3	物理吸附态	强

（2）低背景电流：背景电流与电极表面的双电层电容量密切相关，由于金刚石特殊的sp^3结构，使材料表面的双电层仅为几个$\mu F \cdot cm^{-2}$，相较于玻璃碳电极小了2个数量级。极低背景电流使金刚石薄膜电极可用作有机物的分析检测的重要检测器，在金刚石薄膜电极表面，检测的信噪比（S/N）极低，同时，较低的背景电流对分析检测的干扰较小，使检出限可以进一步降低。

（3）较高的稳定性：金刚石薄膜电极有非常高的电化学稳定性，在强酸性条件下也可以保持较长的使用寿命，电极表面也不会发生侵蚀和失活的现象（Gandini et al.，1999）。与其他电极如玻璃碳电极相比，暴露在实验室中同样的条件下，金刚石薄膜电极表面循环伏安曲线重现性良好，而玻璃碳电极表面的伏安曲线则会发生明显变化，显示了金刚石薄膜电极较强的化学稳定性。

（4）低吸附特性：金刚石sp^3杂化的表面结构使其对很多化学物种具有吸附惰性。在低电位下，利用金刚石薄膜电极氧化有机物（如苯酚等）会使电极表面覆盖有机污染物，导致电极钝化（Zhu et al.，2007），但只要使电极在2.8V左右的高压下运行表面钝化即可有效去除，电极又可以恢复到最初的状态。羟基自由基是电极表面最重要的氧化剂，它在金刚石薄膜电极表面呈物理吸附态，且大多以自由游离态存在，因此析氧副反应发生概率较小，羟基自由基一旦生成能高效率地参与到催化氧化降解有机物的过程（Zhu et al.，2008）。

1.3.3 BDD 电极氧化机理及电流效率

（1）BDD 电极氧化机理

在 Comninellis 等将 DSA 电极划分为活性电极和非活性电极两大类的基础之上（Comninellis，1994），Zhu 等对非活性电极的表面的羟基自由基形态进行了进一步的区分（Zhu et al.，2008），如图 1—7 所示。

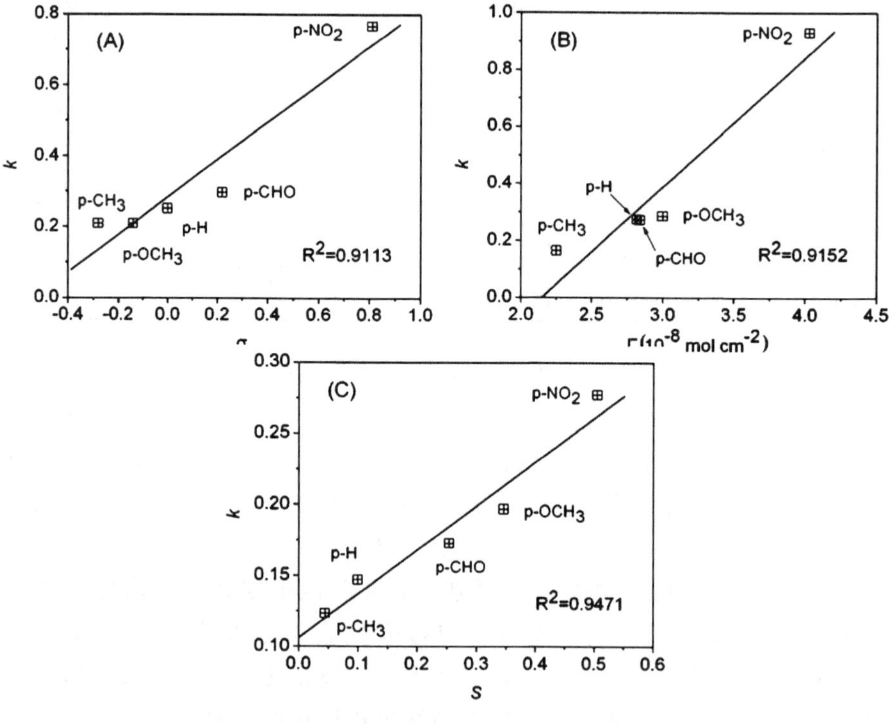

图 1—7　五种对位取代酚在（A）BDD，（B）PbO_2 和（C）SnO_2 电极表面降解速率常数与物质特性参数之间的关系

Fig. 1—7　Relationship between degradation constant *k* of 5 kinds of *p*-phenol at three anodes of（A）BDD，（B）PbO_2 and（C）SnO_2 and their molecular parameters.

虽然均以羟基自由基作为主要的氧化剂，但是不同非活性电极的氧化能力差别很大。通过比较五种对位取代酚在 BDD，PbO_2 和 SnO_2 三种电极表面的氧化规律，对羟基自由基的形态进行了进一步的区分。从图 1—7 中可以看出，在 BDD 电极表面，五种对位取代酚的降解速率常数 k 与 Hammett 常数呈较好的线性关系，表明 BDD 电极表面自由态的羟基自由基是最重要的氧化剂（Zhu et al.，2007）。在 PbO_2 电极表面，k 与反映对硝基酚吸附特性的参数 Γ 呈较好的线性关系，表明在 PbO_2 电极表面，吸附态的羟基自由基是最主要的氧化剂。而在 SnO_2 电极表面，k 与参数 S（由 Hammett 常数与吸附常数 Γ 共同决定）呈较好的线性关系，表明在 SnO_2 电极表面，自由态和吸附态的羟基自由基共同存在。由此总结出在非活性电极表面的氧化机理如图 1—8 所示。

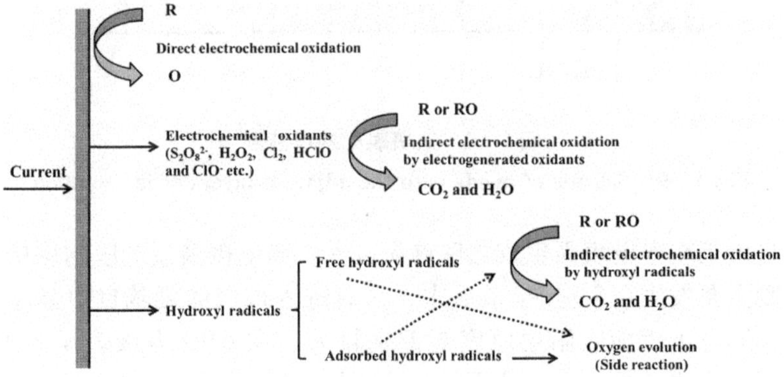

图 1—8 有机物在非活性电极表面氧化原理示意图

Fig. 1—8 Oxidation mechanism for organic pollutant at non-active anodes

电解过程中，在非活性电极表面，直接氧化和依靠部分电生氧化剂的间接氧化虽然存在，但在电极表面生成的羟基自由基是最为主要的氧化剂。虽然均以羟基自由基作为氧化剂，但不同活性电极表面氧化能力差别很大，这主要是羟基自由基存在形态不同所造成的。BDD 电极表面较为光滑，吸附性较弱，羟基自由基形成后往往以自由形态存在于电极附近，相互作用发生析氧反应的可能性较低，易与有机物发生氧化反应。PbO_2 电极表面疏松多孔，具有较强的吸附性，羟基自由基在电极表面生成后极易被吸附在电极上，因此相互之间作用能力较强，析氧反应发生的概率较大。SnO_2 电极则介于两者之间，自由态和吸附态均占一定的比例。由于羟基自由基存在形态的差异，导致它们与有机物反应能力强弱不同，从而对电化学反应过程中的电流效率有较大的影响。

不同电极表面羟基自由基的形态区分近年来引起了越来越多的关注，有学者（Vatistas，2010b）通过模式推导，将电极表面划分为不同的层次（图 1—9）。

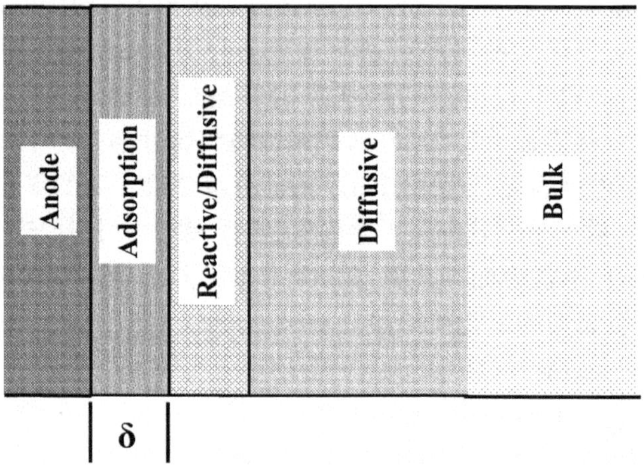

图 1—9　电极表面的溶液层

Fig. 1—9　Scheme of anode with the adjacent layers of the solution

羟基自由基在电极表面生成之后首先进入距离电极最近的吸附层中，而其矿化有机物则主要发生在反应/扩散层中，只有进入该层的羟基自由基才能被有效地利用。不同电极表面吸附层厚度 δ 差别较大，在 BDD 电极表面 δ 近似为零，因此几乎所有生成的羟基自由基均可有效地与有机物反应，矿化能力强，电流效率高，而其他电极表面该层厚度不为零，部分羟基自由基生成之后困于吸附层中，与有机物作用的量较少，易发生析氧反应被浪费。

（2）BDD 电极电流效率

在大量实验的基础上，Comninellis 等提出了 BDD 电极电化学氧化有机物以及析氧竞争反应的机理，认为 BDD 电极表面产生的羟基自由基是电化学氧化和析氧反应发生的主要影响因素（Comninellis，1994；Foti et al.，1999；Marselli et al.，2003）。羟基自由基在 BDD 电极表面生成的反应如之前反应式 1—1，1—2 和 1—5 中描述的：

$$BDD + H_2O \rightarrow BDD\ (\cdot OH)\ + H^+ + e^- \quad (1—7)$$

$$BDD\ (\cdot OH)\ + R \rightarrow BDD + mCO_2 + nH_2O \quad (1—8)$$

$$BDD\ (\cdot OH) \rightarrow BDD + 1/2O_2 + H^+ + e^- \quad (1—9)$$

羟基自由基相互作用发生的析氧反应是造成电解过程中电能浪费的主要原

因。Comninellis 等人通过研究大量物质在 Si/BDD 电极表面的降解情况，提出电化学氧化过程中，电流效率的大小主要受电解液中化学需氧量（COD）初始浓度以及所提供的电流密度的影响（Boye et al.，2002；Panizza et al.，2001a，b）。在高有机物浓度，低电流的条件下，COD 呈线性降低，瞬时电流效率（Instantaneous current efficiency，ICE）为 100 %，表明反应受动力学控制。然而当有机物浓度较低，电流密度较高时，COD 呈指数降低，ICE 随降解过程不断降低，反应受传质控制。为了较好地描述这种结果，他们提出了一个动力学模型，通过 COD 的值来估算所需要的极限电流密度和能量消耗：

$$i_{\mathrm{lim}} = 4\ Fk_{\mathrm{m}}COD \tag{1—10}$$

其中，i_{lim}代表极限电流密度（$A \cdot m^{-2}$），4 为每氧化 1 mol O_2 转移的电子数，F 代表 Faraday 常数（$C \cdot mol^{-1}$），k_{m} 代表在电化学反应器中的平均传质系数（$m \cdot s^{-1}$），COD 代表化学需氧量（mol $O_2 \cdot m^{-3}$）。

电解液中 COD 浓度不同时，所需极限电流密度也不相同：

当 $i_{\mathrm{appl}} < i_{\mathrm{lim}}$时，有机物浓度足够高，电解过程受电流密度的控制，电流效率为 100 %，COD 呈线性降低。

当 $i_{\mathrm{appl}} > i_{\mathrm{lim}}$时，电解过程受传质控制，副反应如析氧等会发生，导致电流密度降低，COD 呈指数形式下降。

具体分析见表 1—5 和图 1—10。

表 1—5 不同电流密度条件下 ICE 和 COD 的关系＊

Table 1—5 Relationship between COD and ICE at BDD anode

	ICE	COD
$i_{\mathrm{appl}} < i_{\mathrm{lim}}$	$ICE = 1$	$COD\ (t) = COD^0\left(1 - \frac{\partial Ak_m}{V_R}t\right)$
$i_{\mathrm{appl}} > i_{\mathrm{lim}}$	$ICE = \exp\left(-\frac{Ak_m}{V_R}t + \frac{1-\partial}{\partial}\right)$	$COD\ (t) = \partial COD^0 \exp\left(-\frac{Ak_m}{V_R}t + \frac{1-\partial}{\partial}\right)$

＊COD^0：初始化学需氧量（mol $O_2 \cdot m^{-3}$）；V_R：反应体积（m^3）；k_m：传质系数（$m \cdot s^{-1}$）；A：电极面积（m^2）；$\alpha = i_{\mathrm{appl}}/i^0_{\mathrm{lim}}$；$t$：时间（s）。

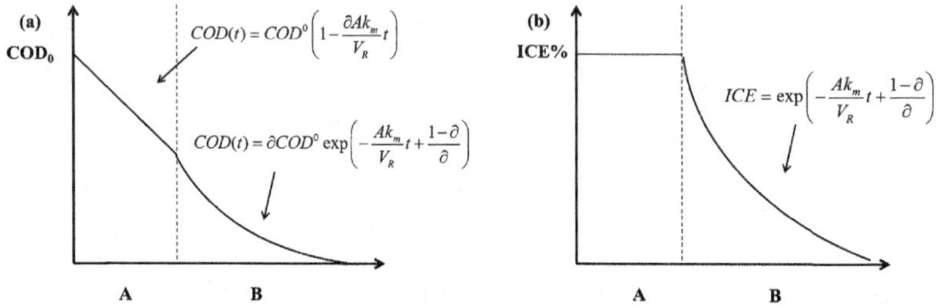

图 1—10 COD 和 ICE 随时间变化情况

（A）电流控制条件；（B）传质控制条件

Fig. 1—10 Evolution of（A）COD and（B）ICE in function of time;

（A）represents the charge transport control;（B）represents the masstransport control.

1.4 结合物质结构分析电化学氧化的机理

物质的反应活性受制于物质结构，即性质是结构的函数。近年来，物质结构和其活性的定量关系（Quantitative Structure Activity Relationship，QSAR）的研究受到了广泛的关注，这种方法对于研究物质的生物活性、药性作用和毒性作用等效果显著，对于药物结构设计以及生物毒性预测具有重要作用。

1.4.1 结构与活性定量关系的发展

研究分子结构与化学特性之间的关系进展分为三个阶段，最早，人们意识到物质的反应活性同结构之间存在着一定的关系；之后，Grum-brown 和 Frizer 开创了研究结构与活性关系的先河，认为化合物的生物活性与结构之间存在着函数关系；19 世纪末 20 世纪初，Richet、Meyer 和 Overton 等人在这方面进行了系统的研究（Zhang et al.，2012；Morteza et al.，2012；肖方竹，2012；张瑾，戴猷元，2012）。Richet 就醇和酯在水中的溶解度与其毒性关系做了研究，发现溶解度与毒性呈负相关的关系；Meyer 和 Overton 等人发现中性有机物如醇、酮、酯等对生物的麻醉效力与其油—水分配系数有关；Hammett 发现酚类物质的 δ 值可以作为反映芳香酸上取代基电子效应的有效参数；Hansch 等建立了取代基与物质活性关系的线性自由能关系模型，使 QSAR 这种方法初具规模（Hansch et al.，1991；王飞越，陈雁飞，1994）。近年来，有学者将该方法引入环境领域，以便深入揭示物质氧化规律，通过寻找物质降解速率动力学常数与描述分子结构特性的量子化学参数之间的关系，深入揭示反应的机理，取得了重要的突破和成果（Torres et al. , 2003a；Jia et al. , 2007；Zhu et al. , 2007）。

1.4.2 结构与活性分析的主要参数

描述有机物性质的参数可以分为疏水性参数、电性参数和空间参数三大类：

（1）疏水性参数："疏水"概念最早由 Kauzmann 提出，他认为有机物溶解在脂中的倾向越大，毒性越强（Kauzmann W. , 1959）。在诸多疏水性参数中，辛醇/水分配系数 $\log K_{ow}$应用最广，其定义为：

$$\log K_{ow} = \frac{C_{n\text{-}octnaol}}{C_{water}} \tag{1—11}$$

其中，$C_{n\text{-}octanol}$为平衡时物质在正辛醇中的浓度，C_{water}为平衡时物质在水相中的浓度。研究证明物质的生物活性同 $\log K_{ow}$之间有很好的线性关系。

（2）电性参数：电性参数是主要用于描述分子中电子云密度分布的参数，包括取向力（永久偶极—永久偶极间）、诱导力（永久偶极—诱导偶极间）、色散力（瞬间偶极—瞬间偶极间）以及离子—离子间、离子—偶极间的作用力等。

（3）量子化学参数：量子化学是基于量子力学的理论来描述分子化学性质的理论化学方法。量子化学立足于微观角度，可以精细地描述分子结构，尤其是分子中的电子云密度情况，对于化学反应过程可以进行细致的模拟。目前，常见的量子化学参数分为以下几类：

表 1—6 常见的量子化学参数

Table1—6 Parameters of quantitive chemical method

与电荷相关	与能量相关	与电荷、能量均相关
原子电荷密度	前线轨道能量 E_{HOMO}	亲核极化度
原子净电荷	最低空轨道能量 E_{LUMO}	亲电极化度
原子电荷	分子轨道特征值差异	前线极化度
前线轨道电子密度	总反应能	发展静电场势
自由价	库反应能	

通过分子结构即可预测其可能具有的化学性质；对于已存在的有毒有害的化合物，可以通过量子化学参数确定其毒性特点，便于管理和控制；在化学反应中，基于物质的降解速率或反应特性，结合描述物质性质的量子化学特性参数可

以深入阐述反应机理，有助于深入揭示化学反应的本质。

1.5 电化学反应器

对于电化学系统而言，优良的处理效果除了依赖电极的优良性质之外，反应器的设计和构型对于电化学处理效果也是至关重要的因素，目前对于电化学反应器的研究也很多，主要的反应器构型如图 1—11 所示：

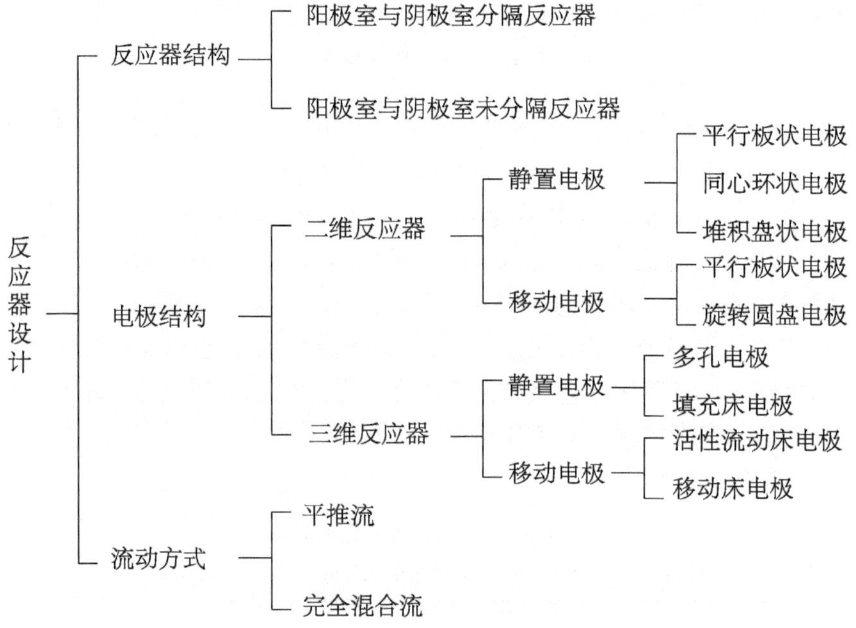

图 1—11　电化学反应器分类示意图

Fig. 1—11　Classification of electrochemical reactor

目前，应用最为广泛的电化学反应器为二维平行板反应器，这种反应器处理量小，电流效率低，对于电导率低的废水需要外加电解质，从而导致电化学水处理的成本较高。近年来，三维电极的开发和应用成为电化学领域的热点，三维电极是在二维电极极板之间装填了导电的粒状工作电极材料，在电场作用下，工作电极材料表面感应带电，在其表面生成大量氧化性基团参与电化学反应。这种结构相当于提高了反应器的面体比，拓展了阳极面积，因而对于电流效率的提高和处理能力的增强有重要意义。三维电极中的填充材料主要有活性炭颗粒，石墨，金属导体，铁氧体，镀上金属的玻璃球或塑料球等，这些材料的填充提升了体系的电导率，减少了电解质的添加量，强化了系统的氧化能力，增加了电极的比表面积，有效提高了污染物的去除速度（柴立元等，2010）。

虽然三维电极具有广阔前景和使用价值，但目前它的应用还面临许多的问题，如长期运转后固定床反应器存在电极“堵塞”，水处理中流动床反应器的电流和电位分布不均等，为了使电化学氧化技术在处理有机污染物方面能够得以推广应用，不但需要开发新型的电化学反应器，同时也需要开展电化学工程相关研究，完善关于电化学反应器的设计理论，才能解决电化学技术在实际应用中的瓶颈问题，为反应器选型、设计和优化奠定科学基础。

1.6 本书的研究工作

1.6.1 研究目的及意义

随着我国工业化进程的不断加快，越来越多的工业废水被排放到环境当中，这些废水中往往含有大量致癌、致畸和致突变的污染物，因此通过工业废水排放进入水体中的致癌、致畸、致突变物质的数量和种类急剧增加。这些物质一旦进入水体当中不仅会造成鱼虾死亡，农作物减产，而且通过直接或间接的途径威胁人类的健康。自 2017 年以来，我国癌症村的报道屡见不鲜，甚至有专家统计在我国每四个死亡人员中就有一人死于癌症，如此高的癌症发病率与人为排放到环境中的大量致癌物质密切相关，如何对其进行有效处理和处置成为当前环境领域的研究热点。不同于常规的生活污水，工业废水中的污染物毒性较强，普通的生物法难以将其有效去除，因此以高级氧化技术为主要手段的深度处理成为处理这类水质的必要手段。高级氧化技术是指利用活性极强的自由基（如·OH）作为主要氧化剂的技术，通过自由基与有机化合物之间的加合、取代、电子转移、断键等，使水体中的大分子难降解有机物氧化降解为低毒或无毒的小分子物质，甚至直接矿化成为 CO_2 和 H_2O。近年来，各类高级氧化技术受到了广泛的关注，在诸多高级氧化法中电化学氧化技术因设备简单，操作方便，反应条件温和，无须外加试剂等优点被誉为“环境友好型处理技术”。在电化学氧化法中，电极材料是最重要的影响因素，作为目前所有材料中性能最为优异的一种，BDD 电极以其耐腐蚀，使用寿命长，不易污染和矿化能力强等优点受到广泛关注，以 BDD

电极为阳极的电化学系统也成为生物难降解有机污染物去除的有效手段。

虽然电化学法特别是以BDD电极为阳极的电化学系统在处理生物难降解污染物方面效果显著，但是对于其氧化机理的认识目前还尚未完善。Comninellis提出的“活性电极”和“非活性电极”的分类是目前被业内广泛认可的理论（Comninellis，1994）。Zhu等在此基础上进一步研究，将电极表面的活性氧化物质（·OH）进一步区分为吸附态，自由态等一次解释不同非活性电极矿化能力的差异（Zhu et al.，2008）。Vatistas等根据电极表面·OH存在形态的差异将电极表面的溶液层划分为不同层次，并通过理论计算进行了验证。他认为电极表面溶液最重要的两个层为“吸附层”和“反应层”，吸附层是最贴近电极表面的溶液层，生成的·OH若被束缚在该层中极易发生析氧反应被浪费掉，只有扩散进入反应层内的·OH才能有效地用于有机物的矿化过程。吸附层和反应层的厚度则取决于材料本身（Vatistas，2010）。在氧化机理研究方面近年来取得了一定的成就，但是有机物与电极相互作用方面仍有许多有待解决的问题，需要进一步的研究。在实际应用中，电化学氧化法虽然去除污染物的能力显著，但是低电流效率和高能耗一直是制约电化学法在实际中广泛应用的瓶颈问题，许多学者希望通过强化传质或将多种氧化手段（Fenton反应，光催化等）联用的方法来解决这一问题，但由于外加试剂的引入和反应过程的复杂，通过这种手段往往难以达到预期的效果，因此如何利用简单实用的方法提高电流效率，降低能耗是电化学法在实际中可被推广的关键。受极板间距以及极板面积的影响，电化学设备在处理水量方面较为受限，因此电化学法往往只能用于垃圾渗滤液或膜过滤污水的处理。如何增大电化学法可处理的水量或采用新的工艺改进这一缺陷也是需要关注的问题。

本书拟对BDD电极氧化降解有机污染物的机理进行研究和讨论，完善电化学氧化理论，进一步揭示BDD电极对有机物极强的矿化作用的机理；针对电化学法能耗大成本高的缺陷，从供电模式入手提出提高电流效率的新方法；针对电化学法容积小，处理水量有限这一问题，利用新的工艺流程，加快污染物在电化学系统中的去除速率，增大电化学系统可处理的水量。以期使以BDD电极为阳极的电化学氧化系统成为一种高效低价可广泛推广的水处理技术。

1.6.2 研究技术路线图

本书着眼于BDD电极材料，着重考察了以BDD电极为阳极的电化学氧化系统在水处理方面的作用。从有机物在电极表面的去除机理，电流效率的提高方式以及吸附—电化学再生相结合等工艺可行性方面考察该系统在实际中可被广泛应用的潜质。主要研究内容分为以下三个方面：

（1）含氮杂环化合物在 BDD 电极表面的去除机理

以五种分子结构相似，但含氮原子的数目和位置不同的含氮杂环化合物作为目标污染物，研究它们在 BDD 电极表面的降解去除效果。五种含氮杂环化合物在电解过程中均可以被有效去除，且降解过程均符合拟一级动力学反应；通过量子化学计算，确定五种物质反应的活性位点，并通过中间产物分析印证活性位点的正确性和可靠性；通过高斯方法计算物质的离域能，发现离域能与降解速率常数之间呈极强的线性关系，表明降解过程中电子向活性位点的迁移和积聚对去除速率影响较大。

（2）从供电模式入手提高电流效率

以苯酚作为目标污染物，研究其在三种典型非活性电极（PbO_2，SnO_2 和 BDD）表面的氧化去除情况。通过调整实验条件使得苯酚在 PbO_2，SnO_2 和 BDD 电极表面降解可达最高瞬时电流效率；采用指数衰减的供电模式使得提供电量与电解过程中系统实际所需电量精确匹配，使得苯酚降解全过程电流效率均可保持最高值；并以 BDD 电极为例，利用响应曲面法研究指数衰减供电模式各个操作条件对于 COD 去除和能量消耗的影响作用。

（3）电化学再生吸附饱和活性炭

以吸附饱和对硝基酚的颗粒活性炭作为目标物质，研究其在以 BDD 电极为阳极的电化学系统中的再生情况。不同再生位置对于活性炭的再生影响巨大，阴极极化的活性炭同吸附在表面的去质子化的对硝基酚的电斥力作用是污染物从活性炭表面脱附的最主要作用力；从电流强度，再生时间，支持电解质浓度，流速，pH 值等角度对再生条件进行了优化；对污染物的去除速率进行了衡算，发现去除吸附在活性炭表面的对硝基酚的速率是去除同条件下电解液中对硝基酚速率的 6 倍，由于活性炭巨大的比表面积以及在电化学系统中被极化生成大量 · OH 等活性离子，使得污染物的去除速率大大加快。这些结果表明吸附—电化学再生方法是解决电化学设备处理水量有限问题的可行方法。

本研究的技术路径如图 1—12 所示：

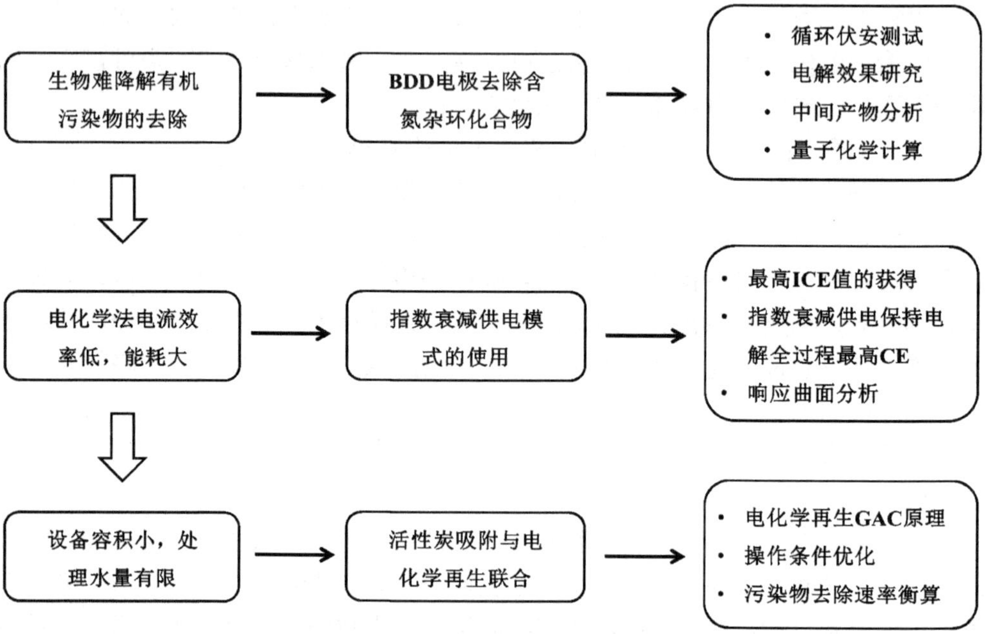

图 1—12　本书的技术路径图

Fig. 1—12　Framework of the Dissertation

第二章　BDD 电极电化学氧化机理

2.1　引　言

杂环化合物是指分子结构中含有杂环的有机化合物，与常见的苯环类物质不同，这类物质的环状结构中除了碳原子外，还含有氧、硫和氮杂原子，因此这类物质可以被认为是苯环结构中的碳原子被杂原子取代后所形成的新的物质。杂环化合物是有机物中种类最多的物质，占目前全部有机物的种类的三分之一以上。它们在自然界中的分布十分广泛，尤其在生物化学中地位突出，许多与生理活动密切相关的化合物如核糖和碱基等均为杂环化合物（Vasilieva et al.，2012；Ding et al.，2010；Fetzner，1998；Gu et al.，2002a；Hu et al.，2011）。在工业中，各种类型的人工合成杂环化合物种类繁多，在染料合成，制药工业和橡胶工业中作用巨大（Boye et al.，2006）。因而在许多工业废水中均可发现杂环化合物的踪影。杂环化合物特殊的结构使其性能稳定，不易受到生物代谢过程的破坏，从而也导致这类物质污染面广，毒性较强，在环境中很难被降解（Zhu et al.，2004；Fetzner，1998；Meyer et al.，1999），并且由于其对微生物的抑制作用，使得这类物质的存在对于其他易降解有机物的去除也会产生抑制作用，影响常规生物法水质处理效果。在诸多杂环化合物中，含氮杂环芳香族化合物具有强烈的毒性、致癌、致畸和致突变的作用，在水质控制和污染物降解过程中日益受到关注。美国环保署已经将含氮杂环化合物列入重点关注的物质清单中，对它们的控制和治理也已经引起了广泛的关注（Giger et al.，2006；Kobeticova et al.，2008；Richards and Shieh，1986；Weiss et al.，2006）。

微生物法是目前处理污染物应用最为广泛的方法（Buchtmann et al.，1997；Gu et al.，2002b；Jia et al.，2007；Johansen et al.，1997；Wang et al.，2002），

但总体来看，由于适应时间较长，需要特种微生物和较高的选择性等问题，使得传统的微生物法在处理这种污染物时存在许多的问题。因此，高级氧化法如 Fenton 反应（Cermenati et al. , 1997），臭氧氧化（Leitner and Roshani, 2010；Wang et al. , 2004），湿法氧化，超临界水氧化（Ogunsola, 2000），光催化（An et al. , 2004；Andreozzi et al. , 1998；Horikoshi and Hidaka, 2001；Schwell et al. , 2008）和电化学氧化法（Keech and Bunce, 2003；Quan et al. , 2005；Wallace et al. , 2009）等被广泛地研究。在所有这些高级氧化方法中，电化学法因具有反应速度快，无须外加化学试剂，设备简单，运行条件温和和无二次污染等优点受到广泛的关注。在电化学法中，电极材料是最为关键的因素，直接影响物质氧化去除的速率和电流效率等。在过去的几十年中，许多阳极材料如 Pt、RuO_2、IrO_2、SnO_2、PbO_2 和 BDD 等均被广泛地研究和应用。在这些电极材料中，Pt 电极矿化能力较弱，含氮有机物在电化学系统中往往很难被完全矿化，电解液中 TOC 的含量较高（Stucki et al. , 1991；Torres et al. , 2003），IrO_2 电极选择性较强且电流效率较低（Comninellis, 1994）。Sb 掺杂的 SnO_2 电极寿命较短（Correa Lozano et al. , 1997），PbO_2 电极在使用过程中容易有 Pb^{2+} 溶出，容易对环境造成二次污染，这些现象使得电化学氧化法处理含氮有机物的应用受到了一定的限制（Zhou et al. , 2005）。与这些电极相比，BDD 电极具有宽的电势窗口，低的背景电流，惰性表面和弱的吸附能力等许多优点，使其在实际应用中具备了许多的优势（Brillas et al. , 2004；Chen, 2004；Gao et al. , 2009；Jeong et al. , 2009；Martinez-Huitle and Brillas, 2008；Martinez-Huitle and Ferro, 2006；Michaud et al. , 2003；Panizza et al. , 2001b；Panizza and Cerisola, 2005a, 2009；Yu et al. , 2008）。近年来，用 BDD 电化学氧化去除废水中生物难降解有机物的研究吸引了越来越多的关注。

在含氮杂环化合物在 BDD 电极表面电化学氧化去除被广泛关注的同时，化合物的分子结构与电化学氧化降解速度之间的关系也逐渐引起了国内外学者的重视。分析物质的分子结构和去除速率之间的关系，对于深入了解去除过程，探索氧化的机理具有较好的效果。目前侧重分析物质结构和去除速率之间关系的报道相继出现：Li 等研究了生物法去除含氮杂环化合物的速度与分子结构之间的关系，发现速度常数与分子连接性指数 $^{1}X^{V}$ 呈负相关（Li et al. , 2001）。$^{1}X^{V}$ 是描述分子结构特征的一种拓扑参数，主要利用量子化学手段对物质的分子结构进行分析计算得到。物质生物降解速率常数同物质的分子联结指数之间的关系表明，含氮杂环化合物在活性污泥中的降解主要受到分子大小和电性参数的影响。Huang 等研究了 O_3/UV 方法去除含氮杂环化合物的效果。通过分析 12 种含氮杂环化合物在该方法中的降解速率参数和分子量子化学参数之间的关系，发现分子最高占据轨道能（E_{HOMO}）对去除速率影响最大，进一步建立了 QSAR 模型，用于预测物质去除速率（Huang and Wang，2007）。然而，目前还没有关于电化学降解过程中物质降解速度常数与分子结构之间的关系的报道。为了弥补这种缺陷，在本书中选取了吲哚（Indole，ID），喹啉（Quinoline，QL），异喹啉（Isoquinoline，IQL），苯并咪唑（Benzimidazole，BM）和苯并三氮唑（Benzotrizole，BT）五种物质作为目标去除污染物，这五种物质分子结构类似，氮原子的个数和在分子中占据的位置略有差异，研究它们在 BDD 电化学氧化过程中的降解规律与分子结构之间的关系，深入揭示 BDD 电化学氧化的机理。

2.2　实验方法

2.2.1　化学试剂

吲哚（CAS：120-72-9），喹啉（CAS：91-22-5），异喹啉（CAS：119-65-3）和苯并三氮唑（CAS：95-14-7）均购于国药集团化学试剂有限公司，苯并咪唑（CAS：51-17-2）纯度为 99 % 购于 Alfa Aesar。所有的药品纯度级别均在分析纯以上，在使用前未经任何纯化。溶液采用超纯水配制。阳极 BDD 电极购于德国 CONDIAS GmbH 公司。

2.2.2　循环伏安测试

使用电化学工作站（上海辰华 CHI760B）对五种含氮杂环化合物进行线性扫描测试，反应在室温（25℃）条件下，利用传统的三电极反应器进行。BDD 电极（购于德国 CONDIAS GmbH 公司）作为阳极，铂电极作为阴极，饱和甘汞电极作为参比电极，工作电极和参比电极之间利用盐桥连接。每次测试前将工作电极在 2.8 V 的固定电压下极化 20s。

2.2.3　电解实验

电解实验在一个 500 mL 烧杯中进行，电流条件为 20 mA · cm^{-2} 恒流控制，温度保持室温 20 ℃，将含 1 mMNHCs 以及 0. 2 MNa_2SO_4 的电解液 250 mL 置于烧杯中，内放磁力搅拌子置于磁力搅拌器上保证电解液混合均匀。以 BDD 电极作为阳极，不锈钢电极作为阴极，电极面积均为 4 cm^2（2 cm×2 cm），电极间距为 10 mm。间隔一定时间移取 5 mL 样品进行化学分析。每次实验前将 BDD 电极超声清洗 5 min 去除表面的污染物，并用去离子水冲洗；不锈钢电极用砂纸打磨，然后用去离子水冲洗。

2. 2. 4　分析方法

NHCs 的浓度采用液相色谱进行分析，液相色谱仪型号为 Agilent HP1100 HPLC 采用的色谱柱型号为 ZORBAX SB-C^{18}。检测器为 DAD 检测器，检测温度控制在 30 ℃。流动相为甲醇和超纯水的混合液，流动速度为 1 mL · min^{-1}。每次进样量为 5 μL 并且样品未经稀释。对于吲哚，喹啉和异喹啉的检测，甲醇和水的比例为 60 : 40，对于苯并咪唑和苯并三氮唑的检测，甲醇和水的比例为 50 : 50。对吲哚，喹啉，异喹啉，苯并咪唑和苯并三氮唑的检测紫外光波长分别为 287 nm，284 nm，259 nm，276 nm 和 268 nm。

实验中采用液液萃取法对 NHCs 电化学降解过程中的中间产物进行了浓缩分析。萃取过程中利用 250 mL 的分液漏斗分别在中性，碱性和酸性条件下进行浓缩，萃取液利用氮吹方式进一步浓缩至 1 mL，利用气相色谱（GC，Agilent 6890）、质谱（MS，Agilent 5973）进行分析。分析色谱柱为 HP－5MS（0. 25 mm×30 m×0. 25 μm）。色谱柱设置条件如下：氦气作为载流气体，流速为 1 mL · min^{-1}，进样温度为 280 ℃，阶梯状升温，10 min 内温度由 40 ℃升至 300 ℃，升温速度为 5 ℃ · min^{-1}，之后保持温度 5 min。流出的气体进入质谱分析仪中，质谱操作条件选用 EI 模式，2000 eV 离子能量，以 35—500 amu 扫描 2 s。降解过程中间产物分辨过程采用质谱仪中配备的数据分析资料库。

COD 的测试采用重铬酸钾滴定法在 150℃下消解 2h。基于 COD 的测试值，电流效率计算采用（2—1）：

$$CE = \frac{(COD_t - COD_{t+\Delta t})\ FV}{8I\ \Delta t} \tag{2—1}$$

其中，COD_t 和 $COD_{t+\Delta t}$ 代表 t 和 $t+\Delta t$ 时间段（单位：s）内每升水中有机物氧化需要的氧气质量（单位：g）；F 为法拉利常数（96487 C · mol^{-1}）；V 代表电解液体积（单位：dm^3）；I 代表电流强度（单位：A）；8 是单位换算常数，即每摩尔氧气转移的电子数（32 g O_2/4 mol e^{-1} O_2）。

单位能量消耗由式（2—2）进行计算：

$$E_{SP}=\frac{1000UIt}{(COD_{in}-COD_{out})\ V} \tag{2—2}$$

其中，U 代表系统电压（V），I 代表电流强度（A），t 代表停留时间（h），COD_{in} 和 COD_{out} 代表进入反应器和一段时间处理后流出反应器的 COD（mg · L^{-1}），V 代表反应器体积（L）。

2.2.5 量子化学计算

为了进一步深入揭示化学反应动力学和分子结构之间的关系，对分子离域能以及每个分子上各个原子的电荷密度进行了计算。原子电荷密度以及相关的描述分子特性的量子化学参数利用 WinMopac 软件（Ver. 7.20，Fujitsu Co. Ltd.）采用半经验的 Parametric Method 3（PM3）方法，计算关键词为：EF，ESP，POLAR，DIPOLE，BONDS，ENPART，PRECISE，NOINTER 等，相关结果计算结果列于表 2.2 和表 2.4 中。分子离域能利用 Gaussview 4.1.2 进行计算，结果列于表 2.5 中。

2.3 结果与讨论

2.3.1 含氮杂环化合物循环伏安测试

对五种含氮杂环化合物在 BDD 电极表面的线性伏安扫描测试，以含有 0.2 M Na_2SO_4 的溶液作为电解液，并以 100 mV · s^{-1} 的速度进行线性伏安扫描得到的曲线作为空白线性扫描曲线。测试线性扫描曲线的五种物质溶液中分别含有 1 mM 的有机物和 0.2 M 的 Na_2SO_4 作为支持电解质，扫描速度分别为 10 mV · s^{-1}，20 mV · s^{-1}，50 mV · s^{-1}，100 mV s^{-1} 和 200 mV s^{-1}，五种物质在不同扫描速度下的线性扫描图如图 2—1 所示。从图中可以看出，五种物质在 BDD 电极表面发生直接氧化时峰电流出现的位置不同。对于吲哚，峰电流出现在 0.9066 V 左右，喹啉的峰电流出现在 1.9952 V 左右，异喹啉的峰电流出现在 1.936 V 左右，苯并三氮唑的峰电流出现在 1.8038 V 左右，苯并咪唑的峰电流出现在 1.9043 V 左右，这表明不同物质在电极表面直接氧化的难易程度不同。

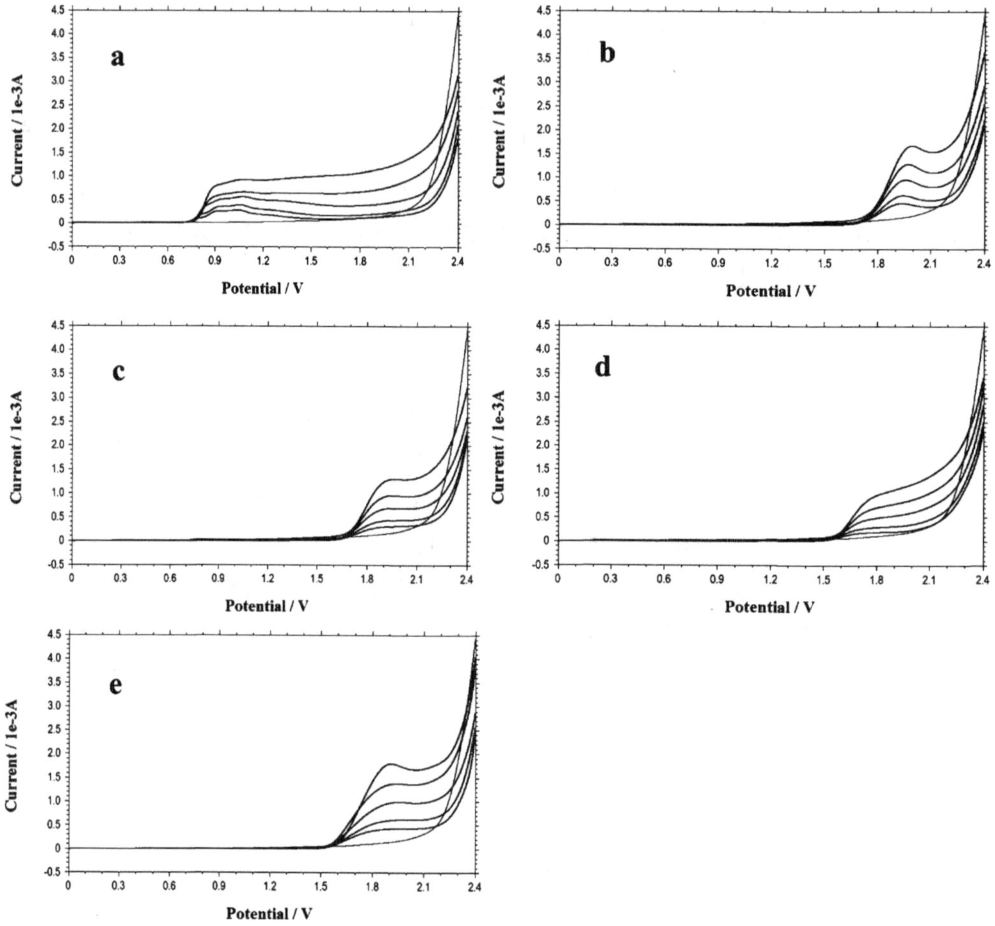

图 2—1　五种含氮杂环化合物在不同扫描速度下的线性扫描图，吲哚（a），喹啉（b），异喹啉（c），苯并三氮唑（d）和苯并咪唑（e）的浓度分别为 1 mM，溶液中含有 0.2 M 的 Na_2SO_4 作为支持电解质，扫描速度分别为 10 $mV \cdot s^{-1}$，20 $mV \cdot s^{-1}$，50 $mV \cdot s^{-1}$，100 $mV \cdot s^{-1}$和 200 $mV \cdot s^{-1}$

Fig. 2—1　Linear scan voltammograms of indole（a），quinolone（b），isoquinolin（c），benzotrizole（d）and benzimidazole（e）with concentration of 1 mM and 0.2 M Na_2SO_4 as supporting electrolyte. Scan rate：10 $mV \cdot s^{-1}$，20 $mV \cdot s^{-1}$，50 $mV \cdot s^{-1}$，100 $mV \cdot s^{-1}$ and 200 $mV \cdot s^{-1}$.

从图 2—1 中可以看出，对于这五种物质而言，随着扫描速度的增加，氧化峰电流不断增加且峰电位开始向正方向移动。在半无限扩散条件下，根据 Randle-Sevick 方程，25℃时循环伏安曲线的峰电流可以表示为：

$$i_p = 2.69 \times 10^5 n^{3/2} A D_0^{1/2} v^{1/2} C_0 \qquad (2\text{—}3)$$

其中：n 为电极反应电子数；A 为电极表面积；D_o 为扩散系数；C_o 为活性物质的浓度。

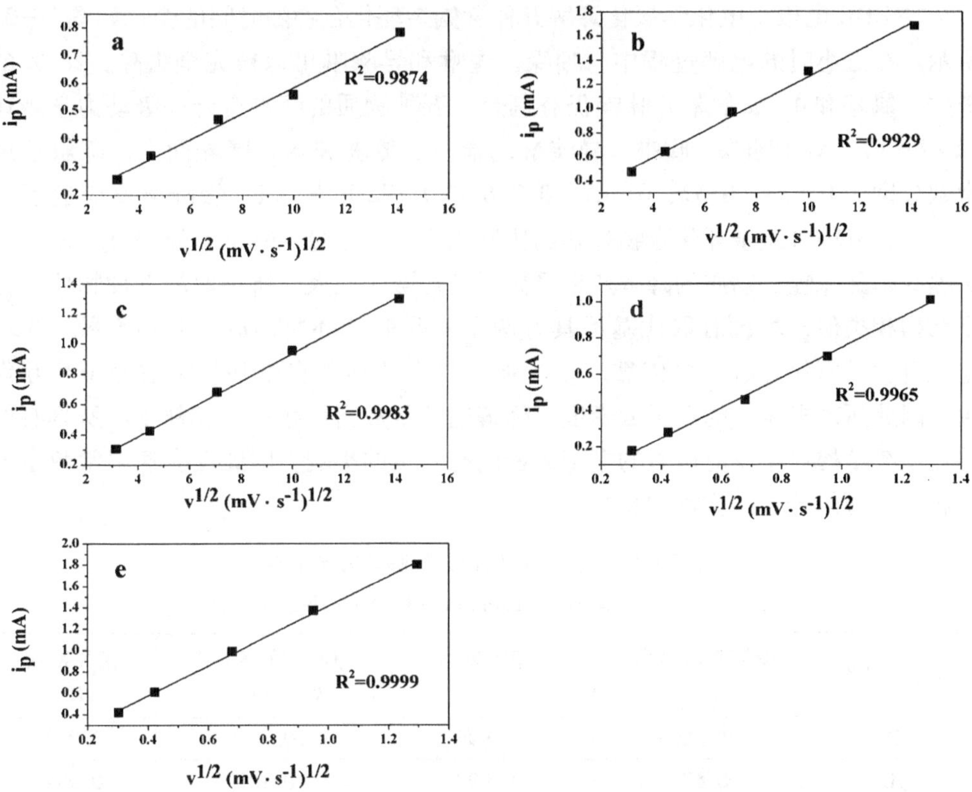

图 2—2　五种含氮杂环化合物在不同扫描速度下氧化还原峰电流（i_p）与扫描速度的平方根（$v^{1/2}$）的关系图，吲哚（a），喹啉（b），异喹啉（c），苯并三氮唑（d）和苯并咪唑（e）的浓度分别为 1 mM，溶液中含有 0.2 M 的 Na_2SO_4 作为支持电解质，扫描速度分别为 10 $mV \cdot s^{-1}$，20 $mV \cdot s^{-1}$，50 $mV \cdot s^{-1}$，100 $mV \cdot s^{-1}$和 200 $mV \cdot s^{-1}$

Fig. 2—2　Relationship between i_p and $v^{1/2}$, of indole (a), quinolone (b), isoquinolin (c), benzotrizole (d) and benzimidazole (e) with concentration of 1 mM and 0.2 M Na_2SO_4 as supporting electrolyte. Scan rate: 10 $mV \cdot s^{-1}$, 20 $mV \cdot s^{-1}$, 50 $mV \cdot s^{-1}$, 100 $mV \cdot s^{-1}$ and 200 $mV \cdot s^{-1}$.

对于动力学过程不是很复杂的电极反应，在半无限扩散条件下，循环伏安中峰电流 i_p 与扫描速度 v 的平方根（$v^{1/2}$）呈线性关系。而对于吸附过程，i_p 与 v 呈线性关系。从图 2—2 中可以发现，氧化还原峰电流（i_p）与扫描速度的平方根（$v^{1/2}$）成正比，这表明整个过程主要受扩散过程控制。

2.3.2 含氮杂环化合物的氧化降解规律

在 BDD 电极上电化学氧化降解五种含氮杂环化合物随时间的变化如图 2—3a 所示。在五小时的电解过程中，吲哚，喹啉和异喹啉可以被完全去除，28 % 的苯并三氮唑和 41 % 的苯并咪唑仍有剩余，五种物质的降解符合一级动力学规律（表 2—1）。对于吲哚，喹啉，异喹啉，苯并三氮唑和苯并咪唑而言，降解速度常数分别为 0.823，0.57，0.461，0.246 和 0.172 h^{-1}。拟一级降解反应速度常数表明，五种含氮杂环化合物降解的快慢顺序为：吲哚 > 喹啉 > 异喹啉 > 苯并三氮唑 > 苯并咪唑。物质的降解速率受分子结构影响很大，所选取的五种物质其分子结构相类似，均没有取代基但具有两个骈联的苯环所形成的共轭系统。BDD 电极电化学氧化降解主要依靠产生的强氧化性的羟基自由基与物质分子相互作用，因此所攻击位点的电子云密度与降解速率常数密切相关。五种物质所具有的共轭系统结构对于反应位点的电子云密度有一定的影响，因此反应速率常数主要与物质自身的分子结构密切相关。

表 2—1 含氮杂环化合物降解动力学常数

Table 2—1 Kinetic parameters of NHCs degradation

目标污染物	物质降解常数 k_s（h^{-1}）	相关系数 R^2	COD 降解常数 k_{COD}（h^{-1}）	相关系数 R^2
ID	0.823	0.996	0.189	0.992
QL	0.57	0.997	0.107	0.994
IQL	0.461	0.993	0.103	0.992
BT	0.246	0.998	0.133	0.992
BM	0.172	0.996	0.16	0.993

图 2—3b 显示了五种含氮杂环化合物的 COD 随电解时间的变化规律。由实验结果可知，COD 的去除速度远远低于物质本身的去除速度，表明物质在电解过程中首先被破坏成为可溶性的中间产物，之后才能一步被矿化成为 CO_2 和

H_2O。对于吲哚，喹啉，异喹啉，苯并三氮唑和苯并咪唑而言，COD 的降解速度常数分别为 0.189，0.107，0.103，0.133 和 0.16 h^{-1}。降解过程符合拟一级动力学过程，表明物质的降解主要受传质过程控制。对比物质自身与其 COD 的降解变化可知，在所选取的五种含氮杂环化合物中，COD 降解速度最快的为吲哚，经过五个小时的电解之后剩余量为 39.4 %；其次为喹啉和异喹啉，两者 COD 降解速率相类似，经过五个小时的降解之后剩余量均为 60 % 左右。苯并三氮唑和苯并咪唑 COD 降解速率也较快，经过五个小时的降解之后苯并咪唑的剩余量为 43.6 %，苯并三氮唑的剩余量为 52.5 %。物质本身的降解速率和相对应的 COD 的去除速率快慢顺序并不相同，五种物质中吲哚的去除速率和 COD 的去除速率均为最快；喹啉和异喹啉本身较容易被去除，但其 COD 的降解速度在五种物质中均属最慢；苯并三氮唑和苯并咪唑自身去除速率最慢，但 COD 去除速率却优于喹啉和异喹啉。对于喹啉和异喹啉这两种物质而言，其自身受到羟基自由基的攻击后较容易被氧化，但所形成的中间产物较难被羟基自由基进一步矿化为小分子，进而被彻底氧化去除。苯并三氮唑和苯并咪唑这两种物质自身的去除速度与 COD 的去除速度较为接近，表明物质本身与羟基自由基反应较难，但所生成的中间产物较易与羟基自由基反应，进而被矿化去除掉。对比以往电化学氧化去除含氮物质的报道，BDD 电极显示出了优异的氧化能力。之前有研究报道了吲哚在铂电极上的降解（Keech et al.，2002），发现吲哚的降解过程以直接转化为主，生成的中间产物多为大分子聚合物，极易附着在电极表面，导致吲哚去除率很低且电极污染现象严重，实验结果表明以铂电极为阳极的电化学氧化法不是处理含吲哚废水的有效方法。利用 PbO_2 电极氧化降解简单的吲哚化合物也有报道（Keech and Bunce，2003），降解结果显示虽然吲哚类物质去除率较高，但降解过程中 CO_2 的生成量很少，电解液 TOC 含量很高，表明 PbO_2 电极对这类物质的矿化能力较弱，电解液中存在大量小分子有机物。此外，也有学者比较了分别利用 Ti/SnO_2，Ti/IrO_2 和 BDD 电极对实际含吲哚类物质的废水进行处理的效果（Bejan et al.，2005），发现 BDD 电极电解效果明显优于其余两种电极，显示了优越的电化学性能。

物质降解速度与 COD 降解速度的差值百分比表明电解过程中中间产物的生成量，五种物质在 BDD 电极表面生成中间产物的量如图 2—3c 中所示。降解过程中吲哚的中间产物在电解两小时左右积累到最大值，之后则随电解时间的延长不断降低；五种物质中，喹啉和异喹啉的中间产物量最多，五个小时的电解过程中中间产物的量一直在增加，这与之前分析得到的喹啉和异喹啉物质本身较易被去除，但中间产物矿化较难的结论相一致；中间产物的积累量最少的为苯并三氮唑和苯并咪唑，这主要是由于两种物质自身氧化去除较慢而中间产物去除较快，从而导致整个电解过程中两种物质中间产物积累量很少。

五种物质在 BDD 电极表面降解过程中电流效率随时间的变化规律如图 2—3d 所示。在降解过程中，吲哚的电流效率最高，喹啉的电流效率最低，不同物质电流效率变化范围在 10%—40%，差别较大。

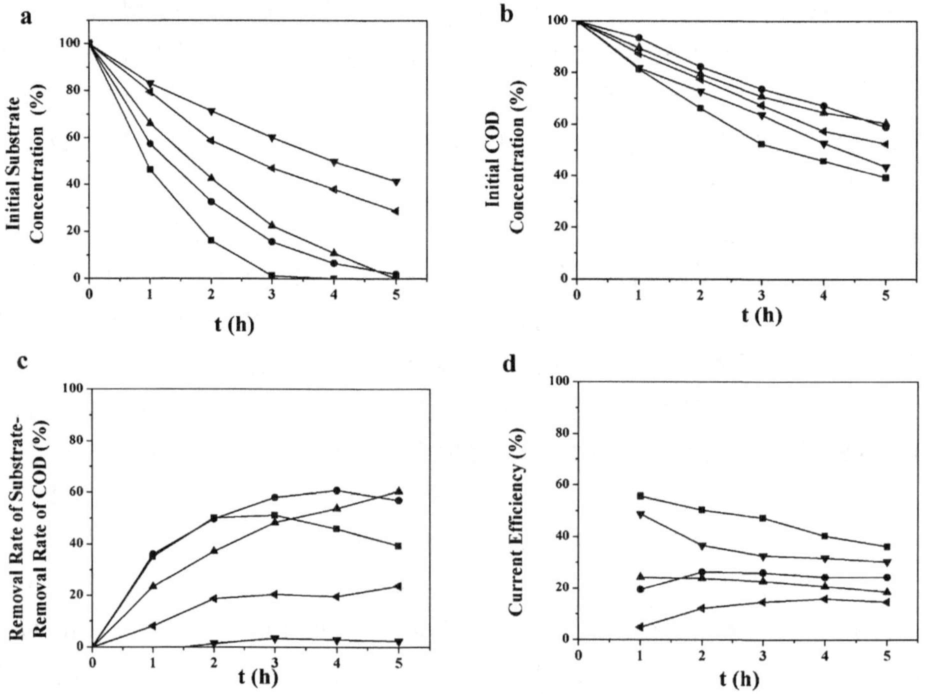

图 2—3 电化学降解含氮杂环化合物（以电解时间为横轴）。（a）物质浓度；（b）COD；（c）电流效率；（d）中间产物浓度；符号：（■）吲哚，（●）喹啉，（▲）异喹啉，（▼）苯并三氮唑，（◄）苯并咪唑。条件：初始浓度为 1 mM；温度为室温（25℃）；电流密度为 20 mA · cm^{-2}；支持电解质为 0. 2 M Na_2SO_4

Fig. 2—3 Electrochemical oxidation of NHCs as a function of electrolysis time. (a) Substrate concentration; (b) COD; (c) Current efficiency; (d) Intermediates and. Symbols: (■) Indole; (●) Quinoline; (▲) Isoquinoline; (▼) Benzotriazole; (◄) Benzimidazole. Conditions: initial concentration of nitrogen-heterocyclic compounds: 1 mM; temperature: room temperature (25℃); current density: 20 mA · cm^{-2}; supporting electrolyte: 0. 2 M Na_2SO_4.

在利用电化学氧化法进行生物难降解有机废水的处理时，能量消耗也是非常重要的影响因素。在本研究中，对五种物质在BDD电极上电解氧化过程能量消耗进行了计算，能量消耗结果如图2—4中所示。从计算结果可知，对于这五种含氮杂环化合物而言，电解过程中去除单位COD的能量消耗均较高，在31.4—98.6 kWh（kgCOD）$^{-1}$范围内变化，且五种物质能量消耗值均随电解时间的延长而不断增长。这主要是因为在电解过程中，COD的去除受传质过程控制，呈指数衰减趋势。电解时间越长，体系中COD的浓度水平越低。而供电模式为恒流模式，单位时间内输入电化学系统中的电能保持不变，因此去除单位COD所需的能耗随电解时间的延长不断增加。由此，虽然延长电解时间有助于系统中COD去除率的提高，综合考虑能量消耗因素，实际电化学处理废水时，电解时间必须控制在一定的范围内。

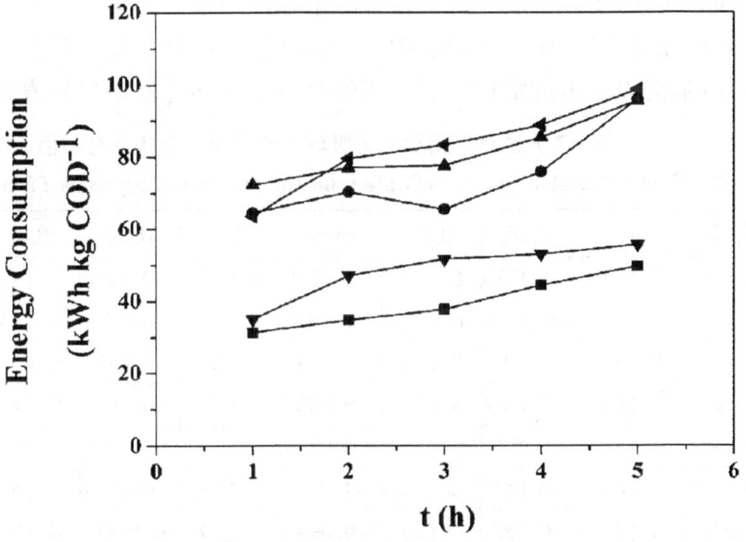

图2—4 电化学降解含氮杂环化合物能量消耗。符号：（■）吲哚，（●）喹啉，（▲）异喹啉，（▼）苯并三氮唑，（◀）苯并咪唑；反应条件：物质初始浓度为1 mM；温度为室温（25℃）；电流密度为20 mA·cm^{-2}；支持电解质为0.2 M Na_2SO_4

Fig. 2—4 Energy consumption for electrochemical oxidation of NHCs as a function of electrolysis time. Symbols：（■）Indole；（●）Quinoline；（▲）Isoquinoline；（▼）Benzotriazole；（◀）Benzimidazole. Conditions：initial concentration of NHCs：1 mM；temperature：room temperature（25℃）；current density：20 mA·cm^{-2}；supporting electrolyte：0.2 M Na_2SO_4.

综合来看，去除五种物质的单位 COD 的能量消耗各不相同，吲哚的去除能耗最低，苯并咪唑的去除能耗最高。去除单位 COD 的能耗由物质本身的去除以及中间产物矿化难易程度共同决定，不同物质矿化难易度不同。因此应用电化学法进行实际废水处理的过程中，去除效率以及能量消耗情况与水质的组成密切相关。实际处理效果和能量消耗等指标需要结合待处理废水污染物种类和 COD 浓度等进行具体分析。

2.3.3 含氮杂环化合物的降解机理

根据以往的研究报道，羟基自由基是 BDD 电极表面的主要氧化剂，在电化学氧化降解过程中会优先攻击分子上电子云密度高的位点（Jiang et al.，2010；Zhu et al.，2007）。为了验证这一结论，采用 PM3 的方法计算了五种含氮杂环化合物苯环上原子的电子云密度。反应过程除了电性因素，还需要综合考虑分子空间位阻的影响。因此研究中认为原子中电子云密度较高且不受空间位阻影响的位点是羟基自由基优先攻击的活性位点。半经验量子化学计算结果如表 2—2。

表 2—2 PM3 方法计算得到的芳香环上原子电子云密度分布值

Table 2—2 Calculated charges on each atom on the aromatic ring using PM3 method

ID[a]	电荷	QL[b]	电荷	IQL[c]	电荷	BT[d]	电荷	BM[e]	电荷
C（1）	-0.1291	C（1）	-0.0797	C（1）	-0.0145	C（1）	-0.1276	C（1）	-0.1244
C（2）	-0.0893	C（2）	-0.0273	C（2）	-0.0935	C（2）	-0.0668	C（2）	-0.0881
C（3）	-0.0991	N（3）	-0.0595	C（3）	-0.0335	C（3）	-0.0885	C（3）	-0.0897
C（4）	-0.1627	C（4）	-0.0529	N（4）	-0.0801	C（4）	-0.1677	C（4）	-0.1909
C（5）	-0.0857	C（5）	-0.1536	C（5）	-0.0729	C（5）	-0.151	C（5）	-0.0825
C（6）	-0.0479	C（6）	-0.051	C（6）	-0.132	C（6）	-0.0073	C（6）	-0.0325
N（7）	0.2523	C（7）	-0.082	C（7）	-0.0944	N（7）	0.1687	N（7）	0.2261
C（8）	-0.2252	C（8）	-0.0985	C（8）	-0.0843	N（8）	-0.0985	C（8）	-0.1796
C（9）	-0.1512	C（9）	-0.0971	C（9）	-0.1044	N（9）	-0.015	N（9）	-0.1024
		C（10）	-0.0714	C（10）	-0.0691				

[a] ID：Indole.

[b] QL：Quinoline.

[c] IQL：Isoquinoline.

[d] BT：Benzotriazole.

[e] BM：Benzimidazole.

对于吲哚而言，C8（-0.2252）和 C9（-0.1512）被认为是羟基自由基优先攻击的活性位点；在喹啉分子中，C5（-0.1536）作为电子云密度最高的原子被认为是会被羟基自由基优先攻击的活性位点，此外，C7（-0.082），C8（-0.0985），C9（-0.0971）和 C10（-0.0714）电子云密度也较高，反应中也具有被羟基自由基优先攻击的可能。作为喹啉分子的同分异构体，异喹啉分子中，C6（-0.1320）是电子云密度最高的点，即反应中会被优先攻击的活性位点，同时，C7（-0.0944）和 C9（-0.1044）也具有较高的电子云密度，也容易与羟基自由基优先反应。苯并咪唑和苯并三氮唑的电子云密度分布相类似，在苯并三氮唑中，C4（-0.1677）和 C5（-0.1510）的电子云密度最高，然而受空间位阻的影响，这两个原子很难与羟基自由基反应，因此，N8（-0.0985）和 C1（-0.1276）两个具有较高的电子云密度且不受空间位阻影响的原子被认为是反应中会优先与羟基自由基反应的活性位点。在苯并咪唑中，C4（-0.1909）具有最高的电子云密度，但由于空间位阻的影响不能与羟基自由基反应，因此 C8（-0.1796）被认为是苯并咪唑分子反应中的活性位点。活性位点标识如图 2—5 所示。

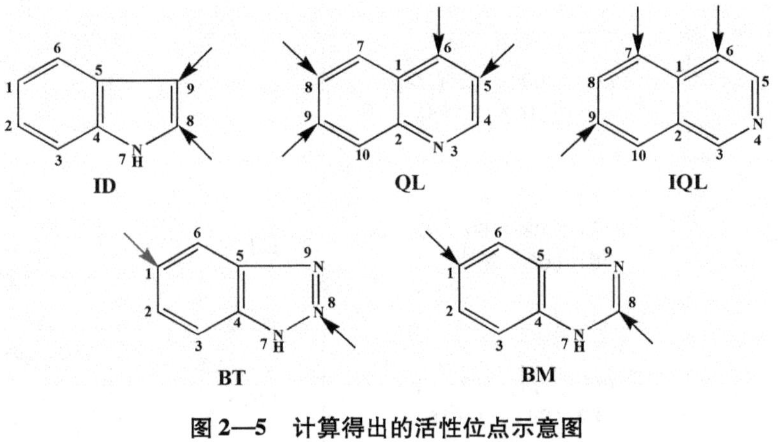

图 2—5 计算得出的活性位点示意图

Fig. 2—5 Possible active sites proposed by calculation

为了进一步验证计算结果的可靠性，利用 GC-MS 对电解过程中生成的中间产物进行了分析，以期依靠中间产物的类型来判断初始加羟基和开环的位置。中间产物分析结果见表 2—3。

表 2—3　含氮杂环化合物在 BDD 电极上降解的主要中间产物

Table 2—3　Main intermediates in the electrolysis of NHCs at BDD anode

保留时间（min）	主要离子丰度 m/z（%丰度百分比）	分子量	分子结构
31. 1[a]	117（100）90（42） 63（12）58（8）	117	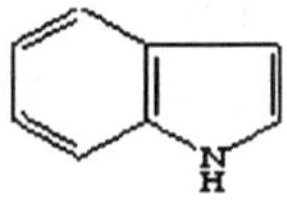
35. 8[a]	119（100）92（78） 137（62）65（29）	137	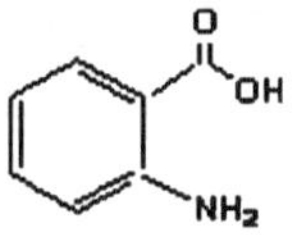
39. 5[a]	133（100）104（99） 78（41）51（16）	133	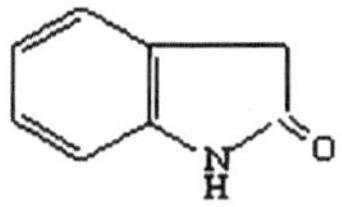
47. 9[a]	119（100）92（74） 147（58）64（25）	147	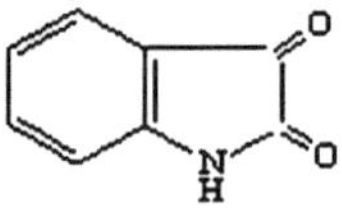
28. 5[b]	129（100）102（29） 133（16）76（8）	129	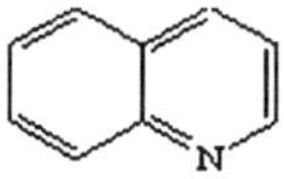
31. 2[b]	121（100）65（91） 51（66）76（58）	151	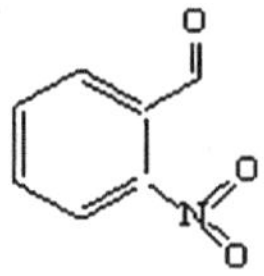
33. 5[b]	145（100）117（78） 89（29）63（16）	145	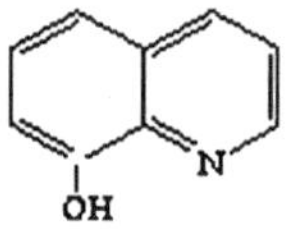
34. 8[b]	145（100）117（99） 90（78）63（25）	145	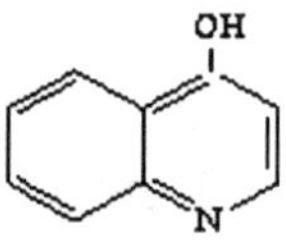

续表

保留时间（min）	主要离子丰度 m/z（%丰度百分比）	分子量	分子结构
47. 1[b]	145（100）90（54） 117（21）129（16）	145	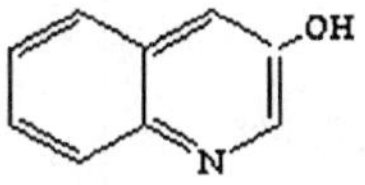
30. 4[c]	129（100）102（29） 136（12）75（8）	129	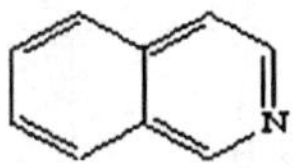
37. 2[c]	129（100）90（74） 145（72）117（70）	145	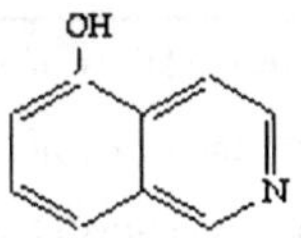
42. 1[d]	119（100）（78） 64（62）52（21）	119	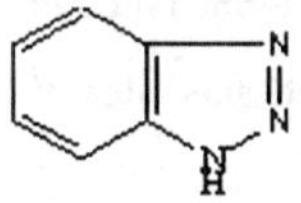
50. 9[c]	145（100）89（54） 118（41）63（18）	145	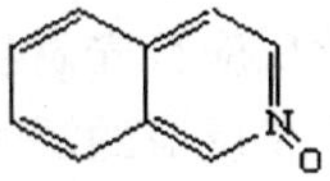
40. 9[c]	147（100）76（74） 104（68）50（29）	147	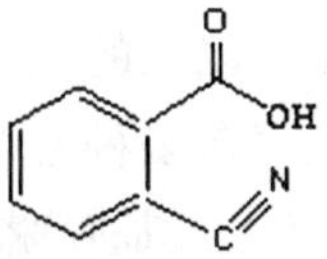
35. 9[d,e]	138（100）65（66） 92（54）108（21）	138	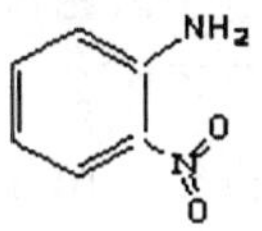
23. 0[d,e]	139（100）65（39） 81（33）39（29）	139	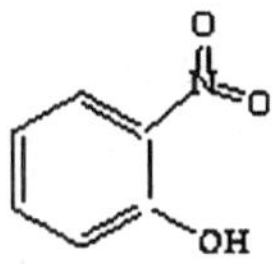

续表

保留时间（min）	主要离子丰度 m/z（%丰度百分比）	分子量	分子结构
38.1[d,e]	168（100）50（78） 63（77）76（49）	168	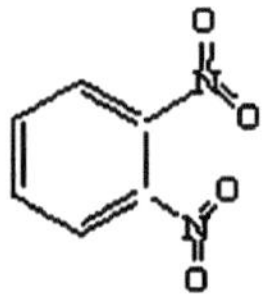
39.3[e]	118（100）91（33） 63（16）52（8）	118	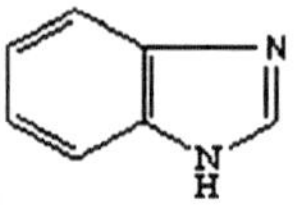

[a] Intermedaites of indole.

[b] Intermedaites of quinoline.

[c] Intermedaites of isoquinoline.

[d] Intermedaites of benzotriazole.

[e] Intermedaites of benzimidazole.

五种含氮杂环化合物的降解途径如图 2—6 所示。在吲哚分子中 2—6（a），羟基化反应首先发生在 C8 位置，计算结果显示该碳原子具有最高电子云密度并被认为是反应的活性位点，测试结果与理论计算结果相一致。稍后，C9 位置发生羟基化反应，之后吡咯环开裂，一些小分子脂肪酸形成。实验测得的吲哚的降解途径与以往的报道相一致（Gai et al.，2010）。在喹啉分子当中 2—6（b），电解液中存在多种羟基化产物，如 5 - 羟基喹啉，6 - 羟基喹啉和 10 - 羟基喹啉等。其中，5 - 羟基喹啉含量最多（Fetzner et al.，1998）。理论计算中，C5 位置具有最高的电子云密度并被认为是反应的活性位点，实验结果与理论结算相符合。在异喹啉分子中 2—6（c），C6 原子在计算中被认为是反应的活性位点，然而中间产物分析中，由于中间产物存在的稳定性等原因，C6 位置羟基化的产物并未被检测到，但是 C6 位置开环形成的中间产物被发现，说明 C6 位置被羟基自由基攻击发生了反应。在苯并三氮唑分子中，由于空间位阻的影响，电子云密度最高的 C4 和 C5 原子不能和羟基自由基反应，电子云密度较高且不受空间位阻影响的 N8 位置被认为是活性位点。中间产物分析中 2—6（d）（e），N8 位置开环生成的中间产物被检测到，反应中，N8 原子从环上脱落，苯环上连接的两个氨基基团被氧化成为硝基基团，最后，硝基基团被羟基基团所取代释放到电解液中，这一降解过程与之前的研究报道相符合。在苯并咪唑分子中，拥有较高电子云密度且不受空间位阻影响的 C8 被认为是反应的活性位点，中间产物分析中由 C8 处开环形成的中间产物被检测到，并且与之前的报道相符合。

综合对比 PM3 计算结果和 GC - MS 中间产物分析结果可以发现：在吲哚分子中，C8（-0.2252）和 C9（-0.1512）被认为是反应的活性位点，中间产物分析中，这两个位置发生羟基自由基取代的产物被检测到；在喹啉分子中，C5（-0.1536）被认为是反应的活性位点，中间产物分析中，5 - 羟基喹啉是检测到的数量最多的物质，说明大量在此位置发生羟基取代的产物生成，由于喹啉分子上电子云密度分布较为均匀，另有其他的位点在氧化过程中也会与羟基自由基反应，因此中间产物分子测试中，也检测到其余位点被攻击生成的相应的中间产物，但数量与 5 - 羟基喹啉相比均较少；在异喹啉分子中，C6（-0.1320）被认为是反应的活性位点，但该位置的羟基取代产物未被检测到，但产物中有 C6 位置开环生成的物质。这一现象可能是由于在 C6 位置加成生成的中间产物不稳定，反应中会立即转化为其他物质，最终检测到的 C6 位置开环产物间接证明了该位置的确受到了羟基自由基的攻击；在苯并三氮唑和苯并咪唑中，N8 和 C8 被认为是理论上反应活性位点，与异喹啉的情况相同，在 N8 和 C8 处直接受羟基自由基攻击形成的加羟基产物未被检测到，但有该处开环生成的中间产物被发现，从而间接证明理论推算的正确性。综上所述可知，通过 PM3 计算得到苯环上原子的电子云密度分布情况并由此确定的活性位点与 GC - MS 实验检测结果较为一致，从而进一步证实具有亲电特性的羟基自由基是 BDD 电极电化学氧化过程中的主要氧化剂。

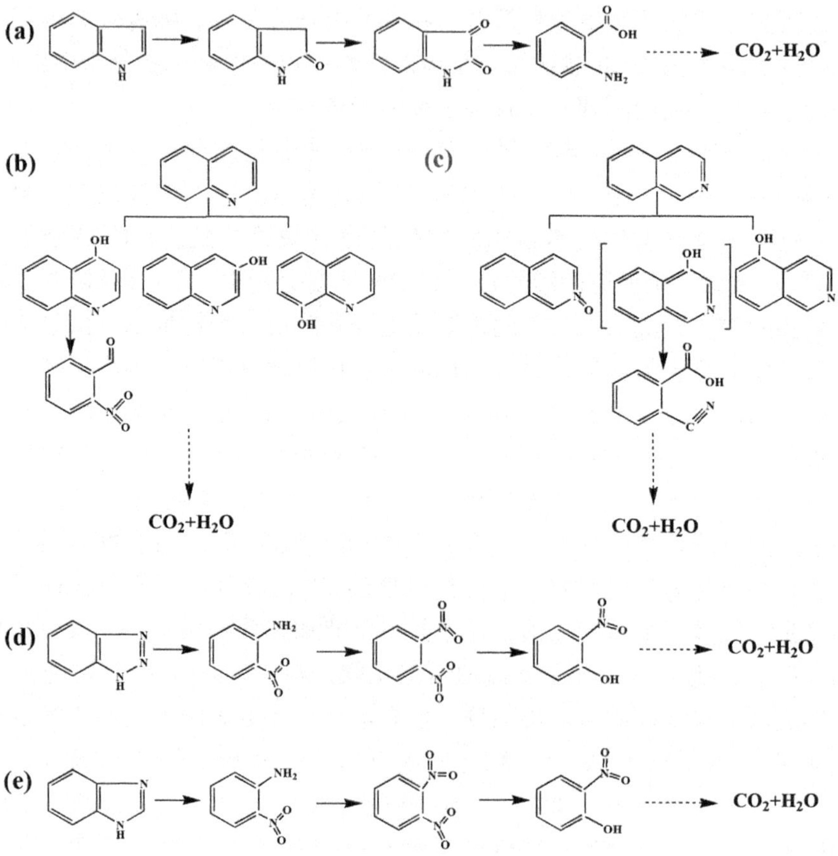

图 2—6　五种含氮杂环化合物的初级降解中间产物分析

Fig. 2—6　Primary intermediates for five nitrogen-heterocyclic compounds by detection

2.3.4　降解速度常数与物质量子化学参数关系

量子化学是以薛定谔方程为基础，计算分子或原子的波函数，能量，电子密度分布以及其他描述分子性质的参数如键长，偶极矩和亲和势等参数的方法。随着这一理论的不断完善和发展，将量子化学与实际化学反应相结合深入阐述化学机理的研究受到广泛关注。根据以往的研究报道可知，BDD 电极表面生成的羟基自由基是有机物的主要氧化剂，羟基自由基是一种亲电试剂，更加容易攻击电子云密度较高的区域。从而使得反应速率与活性位点的电子云密度呈一定的相关性（Jiang et al.，2010；Zhu et al.，2007；Zhu et al.，2008）。因此，本书中，根据表 2—2 采用 PM3 方法计算出的电子云密度，识别出五种化合物不受空间位阻影响的电子密度最高的位点，如图 2—5 中所示，吲哚分子 C8（－0.2252），喹啉分子 C5（－0.1536），异喹啉分子 C6（－0.1320），苯并三氮唑 C1（－0.1276）和苯并咪唑 C8（－0.1796）位点等。将这些位点的电子云密度与相对应的物质降解速率常数进行拟合分析，发现最高电子云密度同降解速率常数线性相关系数仅有 0.37，两个变量的相关性并不明显，拟合结果如图 2—7 所示。

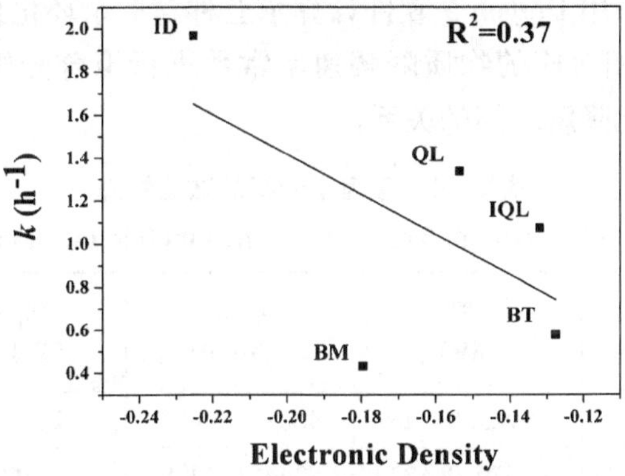

图 2—7　活性位点最高电子云密度和降解速率常数的关系

Fig. 2—7　Relationship between highest electronic density of active sites and degradation rate

由于最高电子云密度同物质降解速率常数之间的关系并不明显，为了进一步研究 BDD 电极表面五种含氮杂环化合物的降解机理，另外选取了一系列的量子化学参数对五种物质的降解速率进行了多因素分析。描述分子性质的量子化学参数种类很多，在研究中参考文献报道，选取了几种常见的描述分子电子特性和尺寸形貌特征的参数，计算结果如表 2.4 中所示。描述分子电子特性的参数包括生成焓（ΔH_f，kJ mol^{-1}）、电子能量（EE，eV）、核核共振能（CCR，eV）、偶极矩（Dople，Debay）、电离电位（IP，eV）以及最高和最低轨道占有能（E_{HOMO} and E_{LOMO}，eV）均利用 WinMopac 软件计算得到。

分子连接性指数是拓扑指数的一种，而拓扑指数是基于化合物结构衍生出来的一种数学量。由于拓扑指数取决于物质的分子结构，与反应条件等因素无关，因此，拓扑指数对于化合物性质的描述具有普适性。这一指数计算客观，简便，可有效反映分子的化学键性质、原子的结合顺序、分子的键合情况以及分子形状等结构信息，在定量结构关系中可以得到良好的实验结果，已经成为利用分子结构信息描述反应特性和过程的重要指标。在众多的拓扑指数中，由 Randio 提出并由 Kier 和 Hall 发展起来的分子连接性指数是应用最为广泛的指数之一，该指数依据分子结构的直观概念对分子结构做定量描述，使分子间的结构差异实现定量化，并使其能够有效地预测物质的理化性质和生物活性，而在多个领域得到了广泛的应用。

在本研究中，采用 Dragon 5 软件计算了五种含氮杂环化合物的分子连接性指数（χ），并将其与相对应的物质降解速率常数进行拟合分析，深入研究物质结构特性与电化学氧化降解之间的关系。

表 2—4　多因素分析的数据矩阵

Table 2—4　Data matrix used for the multiple factors analysis

有机物	ΔH_f ($kJmol^{-1}$)	EE (eV)	CCR (eV)	Dipole (Debay)	IP (eV)
ID	710.45736	-5925.515232	4604.169929	2.45355	7.164864
QL	262.76127	-6679.065828	5344.182795	2.16085	8.850548
IQL	268.19903	-6620.213754	5285.38708	2.39626	8.996173
BT	841.94152	-5818.448632	4551.127128	5.75007	8.754185
BM	662.75038	-5780.12941	4539.491552	5.23387	8.0792

有机物	E_{HOMO} (eV)	E_{LOMO} (eV)	E_{HOMO}-E_{LOMO} (eV)	$(E_{HOMO}-E_{LOMO})^2$	E_{HOMO}-E_{LOMO} (eV)
ID	-7.165	-9.092	1.927	3.713329	-16.257
QL	-8.851	-1.035	-7.816	61.089856	-9.886
IQL	-8.996	-1.035	-8.229	67.716441	-9.763
BT	-8.754	-1.769	-6.985	48.790225	-10.523
BM	-8.079	-1.081	-6.998	48.972004	-9.16

有机物	$^0\chi^v$	$^1\chi^v$	$^2\chi^v$	$^3\chi^v$	$^4\chi^v$	$^5\chi^v$
ID	4.964	2.988	2.065	1.463	0.995	0.542
QL	5.489	3.264	2.196	1.512	1.016	0.664
IQL	5.489	3.254	2.223	1.55	1.027	0.664

续表

有机物	E_{HOMO} (eV)	E_{LOMO} (eV)	E_{HOMO}-E_{LOMO} (eV)	$(E_{HOMO}\text{-}E_{LOMO})^2$		E_{HOMO}-E_{LOMO} (eV)
BT	4.704	2.725	1.829	1.232	0.788	0.432
BM	4.834	2.848	1.92	1.328	0.88	0.481

利用 SPSS 将所得到的量子化学参数对降解速率常数进行拟合，发现单个参数中与降解速率参数拟合度最高的为偶极矩（Dipole）。拟合方程如（2—4）所示，方程的拟合相关系数 R^2 为 0.68。

$$y = -0.2914x + 2.123 \tag{2—4}$$

分子偶极矩代表分子中电荷分布的情况，分子中正电荷和负电荷的总量相等，但各自的中心可以重合也可以不重合。正负电荷中心重合的分子为非极性分子，而正负电荷中心不重合的分子为极性分子，极性大小可以用偶极矩来衡量，其大小为正负电荷中心所带电量 q 与正负电荷中心距离 d 的乘积（2—5）。

$$\mu = q \times d \tag{2—5}$$

从图 2—8 中可以看出，虽然相关系数不大，但仍可以分析得到结论，分子的偶极矩与相对应的降解速率常数呈负相关性。偶极矩在一定程度上反映了电子在分子结构中的分布情况，偶极矩越小，表明电子在物质结构中分布越均匀，在 BDD 电极表面被去除的速率就越快。

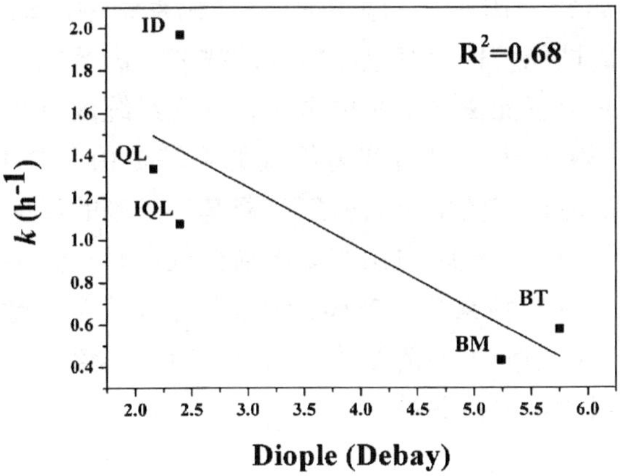

图 2—8　分子偶极矩和降解速率常数关系

Fig. 2—8　Relationship between dipole and degradation rate

基于研究中所选取的五种含氮杂环化合物的分子结构特点，选取了离域能作为特征参数，并在研究中利用 Gaussview 4. 1. 2 对五种物质的离域能进行了计算，发现对吲哚，喹啉，异喹啉，苯并三氮唑和苯并咪唑而言，离域能分别为96. 46，84. 22，79. 73，74. 58 和72. 44 kJ · mol^{-1}（表2—5）。

表2—5 离域能计算结果

Table 2—5 Calculated results of delocalization energy

有机物	离域态能量（hartree[a]）	固定态能量（hartree[a]）	差值[b]（hartree[a]）	离域能（kJ · mol^{-1}）
ID	–363. 7799	–363. 8167	0. 0367	96. 4654
QL	–401. 8987	–401. 9308	0. 0321	84. 2231
IQL	–401. 8987	–401. 9291	0. 0304	79. 7369
BT	–395. 8388	–395. 8672	0. 0284	74. 5884
BM	–379. 8385	–379. 8661	0. 0276	72. 4482

[a] 1hartree = 27. 2eV

[b] Delta = Localized – Delocalized

由于研究中所选取的五种含氮杂环化合物共同特点为均由两个苯环组成且分子上均无任何支链存在，这种分子结构中两环电子容易形成大的共轭结构，使得电子不会固定在所属原子周围，而是在整个共轭系统中活动。对于这一结构特点，量子化学参数离域能可以对其进行较好的描述。离域能是假定电子固定于所属的原子周围运动时分子能量与实际中电子在共轭系统内自由运动时分子能量的差值。根据以往的研究报道，具有亲电特性的羟基自由基是 BDD 电极上生成的主要氧化剂，因此反应位点的电子云密度与羟基自由基的反应速度呈正相关。在具有共轭系统的分子中，当羟基自由基攻击活性位点时，分子的电子云密度重新分布，离域的 π 电子在共轭系统中迁移，并在发生反应的活性位点处积聚，电子云迁移和积聚能力可以用分子的离域能来衡量。因此，含氮杂环化合物的降解速度常数与分子的离域能呈线性关系。

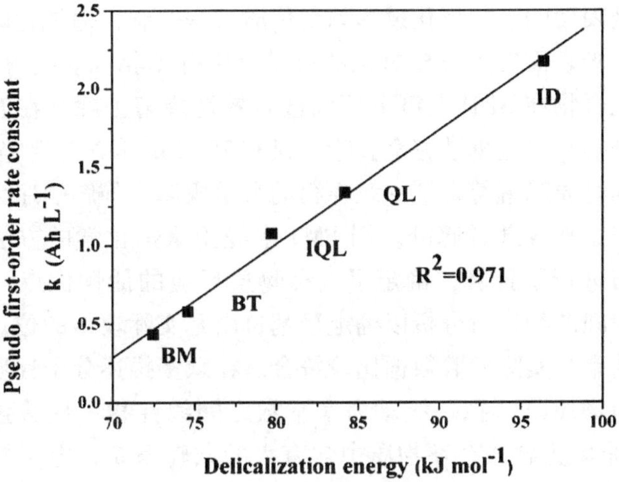

图 2—9　拟一级降解速度常数与离域能关系。ID（吲哚）；QL（喹啉）；IQL（异喹啉）；BT（苯并三氮唑）；BM（苯并咪唑）

Fig. 2—9　Correlation between the pseudo first-order rate constant for degradation anddelocalization energy. ID（Indole）；QL（Quinoline）；IQL（Isoquinoline）；BT（Benzotriazole）；BM（Benzimidazole）

研究中发现五种含氮杂环化合物一级降解动力学常数与物质本身的离域能之间呈现出很好的线性关系，线性相关系数为 0.971（图 2—9）。离域能表征了含有共轭 π 电子系统的分子中的实际的电子能量与非共轭系统中电子能量的差值。普通系统中电子能量较共轭系统中电子能量更高，这主要是因为在具有共轭系统的分子中离域的 π 电子可以在系统中迁移，使系统整体能量降低，分子更加稳定，这一现象也刚好解释了芳香族物质较其他结构更为稳定的现象。共轭系统的存在不仅降低了分子的总能量，使分子结构更加稳定，也提供了电子在系统中迁移运动的路径。当分子受到氧化剂如羟基自由基等的攻击时，π 电子可以通过共轭系统迁移并在受攻击的位点积聚，离域能即衡量 π 电子迁移和积聚能力的有效工具。

2.4　本章小结

本章主要研究了五种结构类似但所含氮原子个数以及氮原子在分子中存在位置不同的杂环化合物在 BDD 电极表面电化学氧化情况。通过线性伏安扫描可知，五种物质在电极表面的直接氧化过程均受传质过程控制，但氧化峰高低的差异表明五种物质在电极表面发生直接氧化的难易程度并不相同。电解实验结果表明，五种含氮杂环化合物在 BDD 电极上可以被有效地降解去除，在五小时的电解过程中，吲哚、喹啉和异喹啉被完全去除，只有 28 % 的苯并三氮唑和 41 % 的苯并咪唑有剩余，其物质降解符合拟一级降解动力学规律，降解顺序为吲哚 > 喹啉 > 异喹啉 > 苯并三氮唑 > 苯并咪唑。用 PM3 半经验量子化学的方法对五种物质的电子云密度分布进行了计算，确定了五种物质反应的活性位点，并利用 GC-MS 对电解过程的中间产物进行分析以确定羟基自由基实际攻击的位点，研究结果表明，理论计算结果与实际实验数据比较符合。在众多描述分子性质的量子化学参数中，离域能与物质降解拟一级动力学常数之间线性相关性最强，相关系数为 0.971，这主要是因为含氮杂环物质中含有大的共轭系统，电子并非束缚在某个原子周围而是可以在共轭系统中迁移，并在反应活性位点处积聚，其迁移和积聚的能力可以用离域能来衡量，因此物质的降解速率常数与离域能的大小呈现良好的线性关系。

第三章　活性电极氧化机理对比分析

3.1　引　言

随着工业化进程的不断发展，越来越多的工业废水被排放到环境中，这些废水中含有大量有毒有害的污染物，具有强烈的致癌，致畸和致突变的作用，普通的生物方法往往很难将其有效去除，因此，以具有强氧化性的羟基自由基作为氧化剂的高级氧化法成为处理这类污染物的有效方法。在各类高级氧化法中，电化学法因设备构造简单，操作条件温和和无须外加试剂等优点受到了广泛的关注。在电化学方法中，阳极材料是最重要的影响因素，不同的阳极材料决定了不同的反应机理、电流效率和能量消耗。

在大量研究的基础上，Comninellis 等将电极分为活性电极和非活性电极两类的理念被广泛认可（Comninellis，1994）。活性电极主要依靠羟基自由基氧化电极材料形成的高价氧化物作为主要氧化剂，这类电极对物质的选择性较强，矿化能力较弱，如 Pt，IrO_2 和 RuO_2 电极等；非活性电极主要依靠吸附在表面的羟基自由基作为主要氧化剂，这类电极氧化能力较强，对不同的污染物均能将其有效地矿化去除，如 PbO_2，SnO_2 和 BDD 电极等。Zhu 等对非活性电极进行了进一步的研究，发现虽然同样依靠羟基自由基作为主要的氧化剂，由于羟基自由基的存在形态不同，导致不同电极的氧化能力差别很大（Zhu et al.，2008）。在 BDD 电极表面，羟基自由基主要以自由态存在，在 PbO_2 电极表面，羟基自由基主要以吸附态存在，而在 SnO_2 电极表面，部分羟基自由基以自由态存在于电极表面附近，而部分则吸附在电极上。羟基自由基存在形态的差异导致其在电化学氧化过程中与有机物作用的快慢及利用率有差别。羟基自由基在电极表面的形态和作用机制一直是电化学领域的研究热点，Vatistas 等利用模型计算的方法对羟基自由基在电极表面的存在方式进行了分析，认为靠近电极表面的溶液可以划分为吸附层和反应层（Vatistas，2010a）。羟基自由基在电极表面一经生成会全部进入吸附层中，只有能够扩散出该层进入反应层中的部分能与有机物发生反应。吸附层的厚度取决于电极材料的性质，厚度越小，进入反应层的羟基自由基量越大，其利用率越高，矿化有机物越充分。

纵观目前应用较为广泛的各种电极，不管是活性还是非活性电极，在电化学氧化过程中，水在电极表面被转化生成羟基自由基是反应的第一步。根据电极材料性质的不同，决定羟基自由基在电极表面时以物理吸附态存在还是进一步与材料反应形成高价态的氧化物。在整个电化学氧化过程中，可以发现水与电极材料作用的强弱是决定电极氧化能力高低的关键。若材料较容易与水分子作用，则水在电极表面被分解的电位（析氧电位）较低，之后形成的羟基自由基较易氧化材料形成高价的氧化物参与后续的氧化有机物的过程；若材料较难与水分子发生作用，则水在电极表面被分解需要的电位较高，之后形成的羟基自由基也不会进一步氧化材料，而是直接吸附在材料表面，参与后续的氧化有机物的过程。由此可见，电极材料氧化能力的强弱与材料同水分子作用力的强弱呈反比，若能找到一个合适的参数准确反映水分子同电极材料之间作用力的大小，则电极的氧化能力也可以被准确描述。

目前，对于电极材料的综合比较研究较少，要对所有材料进行有效的统一整合难度较大。本章借鉴已有报道的对于非活性电极中的研究方法（Zhu et al.，2008），通过研究一系列的对位取代酚在电极表面的氧化降解情况，对三种活性电极 Pt，IrO_2 和 RuO_2 的氧化性能进行了分析。

本研究采用定量结构—活性关系（Quantitative Structure-Activity Relationship，QSAR）进行分析。QSAR 是研究化合物化学结构与活性之间关系，将分子的结构参数、所研究的性质之间的关系定量化的方法。通过这种方法，可以将那些隐含在实验数据中的信息挖掘出来，发现其规律后对实验进行指导，从分子水平上理解分子的微观结构同宏观活性之间的联系。物质是由分子组成的，分子中各个原子的种类、空间构型以及组成分子的各个原子或各类基团之间形成的化学键的性质决定了分子的性质。要想获得自然界存在的以及新合成的化合物的理化性质、生物活性、生理毒性等数据，就需要对所研究的化合物性质进行大量实验，实验条件的不同还会影响实验结果。面对众多化合物，要找到我们需要利用的那个化合物需要进行大量筛选。QSAR 不仅可以建立起对未知化合物物理化学性质或生物活性进行提前预测的模型，还可以确定影响所研究物质的性质或活性最大的是该物质分子中哪些基团或取代基。QSAR 的方法已经渗透到药物化学、环境化学及材料科学等领域，研究对象也包括化合物的各种生物活性、毒性、药物的各种药代动力学参数、生物利用度以及分子的各种物理化学性质和环境行为等。在运用 QSAR 方法时假设结构参数与所研究性质如活性、毒性等性质间存在定量关系，并且这种相关性可以用数学、统计学和计算机科学的方法探索和描述。

19 世纪，科学家曾将吗啡、阿托品注射到生物体内，分析实验结果发现，物质的生理作用是化学结构的函数，即 $A=f(S)$，A 代表所研究的性质，S 代表化合物的结构，从此，开始了结构—活性相关研究。早期人们还不能建立方程的左边项和右边项，但已经开始建立结构—活性的经验式。20 世纪初，发展了线性相关研究，如活性与结构、碳原子数及分配系数的相关性。20 世纪 30 年代 Hammett 等开创系统的结构—活性相关（QSAR）研究，研究有机物毒性与分子电性效应（σ）之间的相关性。提出有机物芳环上取代基的电性效应可由 $\sigma=\log(K_x/K_h)$ 表示（K_x 和 K_h 分别是取代和未取代时化合物的电性常数），而且认为化合物的毒性或麻醉作用与溶解度相关，提出了线性自由能关系（LEFR）。20 世纪 50 年代 Taft 发展了 QSAR 方法，提出立体参数 E_x，把 Hammett 的思想扩展到脂肪族化合物。直到 20 世纪 60 年代初，Free-Wilson 运用计算机技术、统计学、化学以及生物技术将化合物结构与其性质联系起来，建立结构—活性关系模型，这也标志着 QSAR 开始发展起来。此后，随着研究体系和研究内容的复杂化，QSAR 新方法不断涌现。目前国内外最普遍实用的 QSAR 法有以下 8 种：

（1）**辛醇/水分配系数法**。在毒理学研究中，辛醇/水分配系数（logP）是最普遍、最重要的物理化学参数，它反映了化合物的亲脂疏水性。通常，用 logP 表达的 QSAR 模型用式（3—1）表示：

$$-\log(LC_{50}) = a\log P - b(\log P)^2 + c \qquad (3\text{—}1)$$

式中 a，b，c 为常数。许多化合物的 logP 可以进行实验测定，也可以用碎片常数法进行估算，还可以用 Hansch 和 Leo 编制的计算机程序计算得到，使用计算值比较方便。logP 法参数较易获得，计算简单，已成为人们普遍接受的方法。

（2）**线性自由能法**（LFER 法）。Hansch 认为，如果不考虑有机物在生物体内的代谢，那么生物毒性可以认为是该物质的立体效应（Taft 常数 E_s）、电子效应（Hammett 常数 σ）及疏水效应（logP）的函数，可用（3—2）表达：

$$-\log(LC_{50}) = a\log P - b(\log p)^2 + cE_s + d\sigma + e \qquad (3\text{—}2)$$

式中，a，b，c，d，e 为常数。多数 Hansch 相关方程，并不一定同时包含 *logP*，*Es*，σ 三种结构参数，如果有机物分子不太大，电性效应和立体效应有时可以忽略，则方程（3—2）可简化为方程（3—1），这就是常用的辛醇/水分配系数法。由于 Hansch 方法的参数较易获得，并具有一定的理论意义，有助于人们理解生物活性的作用机制，因而直至今日仍有许多 QSAR 研究者采用这种方法。

（3）**线性溶剂化能相关方法**（LSER **法**）。LSER 法是由 Kamlet 等人提出，认为有机物的溶解性与分子体积、极性和酸碱性三方面的结构性质相关，这三方面的性质可由四种参数来定量描述，包括分子体积项 $V_i/100$；分子偶极项 π^3；β_m 和 α_m 是氢键项。LSER 法的表达式如下。

$$-\log(LC_{50}) = MV_i/100 + s\pi^3 + a\beta_m + b\alpha_m + c \qquad (3—3)$$

式中，m，s，a，b，c 均为常数。LSER 法的局限性在于这四种参数较难获得，除分子体积可通过计算得到外，其他参数需根据核磁共振、紫外光谱等数据计算得到，许多有机物的参数尚未确定，不能从文献中查到。与其他理化参数相比，LSER 法参数的获得更困难。

（4）**分子连接性指数法**（MCI **法**）。分子连接性指数法是由 Kier 和 Hall 提出的。它是根据分子中各个骨架原子排列或相连接的方式来描述分子的结构性质的。MCI 是一种拓扑学参数，有零阶项（$^0X^v$）、一阶项（$^1X^v$）、二阶项（$^2X^v$）等，可以根据分子的结构式和原子的点价（σ）计算得到。分子连接性指数可以计算获得，能较好地反映分子的立体结构，但反映分子电子结构的能力较弱，因此缺乏明确的物理意义，使其在实践应用中受到了限制，但由于其具有方便、简单且不依赖于实验等优点，近年来得到广泛应用和发展。

（5）**分子表面积法**（TSA）。Hermans 等人首次从分子结构角度计算了分子总表面积（TSA），并从理论上建立了溶解度与 TSA 的关系。另外一些学者研究了有机物的生物毒性与分子表面积之间的相关性。TSA 的计算方法有 Hermans 法、valvnsi 法等，但计算过程较复杂，应用计算机程序（Nemesis）计算较简便。

（6）**基团贡献法**（Free-Wilson **法**）。基因贡献法是定量结构—活性相关研究中应用最广的方法之一，根据 Langumuir 的独立作用原理：在分子中的较小原子群与其他可能存在的原子群的本性无关，而在对某种性质具有固定的贡献这一基础上，复杂分子的很多性质至少是能近似地求得，基团贡献法假定不同分子或混合物中同一基团的贡献完全相同，把纯物质或混合物的性质看成构成它们的基团对此性质的贡献的加和。基团贡献法的好处是显而易见的，根据几十个基团贡献的参数，就可预测包括这些基团的大量纯物质和混合物的性质，因此它被广泛地用于预测化合物的各种物理化学性质，如水溶解度、活度系数、正辛醇/水分配系数、沸点、临界参数、液体的饱和蒸气压、液体和气体的比热容、理想气体标准生成热、理想气体标准熵、混合热、混合熵以及生物降解性等，并且具有较高的预测精度。需要指出的是任何基团贡献法都是近似的，因为一个基团在某个分子中的贡献和它在另一个分子中的贡献不可能完全相同。加和性规则只有在分子中一个基团的贡献基本上不受其他基团的影响时才有效，否则，必须进行某种校正。这里介绍的基团贡献法是由 FreeWilosn 在对有机物亚结构信息和生物毒性的相关研究基础上建立的。数学表达式：

$$\log LC_{50} = A + \sum^{i} \sum^{j} G_{ij} X_{ij} \qquad (3—4)$$

式中，A 为基准化合物的理论活性对数值，G_{ij}是第 j 取代基上取代基 i 的基团活性贡献，X_{ij}是指示指标，用以表示取代基 i 在第 j 位置上的有无，若有取代基 i，则 X_{ij}取 1，若无取代基 i，则 X_{ij}取 0。用最小二乘多重回归法将数据拟合成上述方程加以计算，从这个模型可以看出，任一特定取代基的活性贡献大小取决于它在分子中的不同位置。Fere—Wilosn 法未假定任何模型参数，仅将物理性质作为生物活性的关联因素，因而所得结果提供的信息不多。该法是建立在对已知活性物质的回归分析的基础上，可以确定每一种可能的取代基在特定取代位置上的影响。该法仅适用于具有相同母体结构的有机物，对于不属于该系列的化合物用处不大，无法预测新化合物的毒性，但因其方法简单，常被用来对有机物进行毒性初评。

（7）**量子化学法**。通过对有机物分子的量子化学计算，可以全面获得有关分子的电子结构和立体结构的信息，如分子轨道能级、原子的电荷密度、偶极矩、分子电荷以及优势构象等。目前常用的量子化学计算法有 MNDO 法、AMI 分子轨道法等。相比于传统的经验参数，采用量子化学参数对化合物的描述更加全面，理论性更强，因而将量子化学方法引入 QSAR 研究成为目前 QSAR 发展的一个新方向。量子化学方法的不足之处在于量化参数复杂多样，使得人们在模型参数的选择、定量模型的确定及毒性机理的解释方面遇到一定困难。

（8）**模式识别**。模式识别方法是 20 世纪 50 年代早期提出的，20 世纪 60—80 年代在各个学科得到广泛应用，发表了数百篇文章。到 20 世纪 80 年代，模式识别方法发展成为一种非常成熟的多元分析方法。模式识别方法可以分为有管理方法、无管理方法和显示方法等。其中，在有管理方法中需要有一个训练集，例如：对于一个两类的问题，在训练集中，有一些样本属于 A 类，另外一些样本属于 B 类，然后“教”给计算机，计算机经过训练之后可以识别未知样本。有管理模式识别包括：线性判别，逐步判别分析，KNN 方法，SIMCA 方法，神经网络方法等；无管理方法包括：最小生成树，聚类分析等；显示方法包括：变量—变量绘图，线性投影，非线性影射，脸谱法等。在这些方法中，有管理方法最为重要，应用也最为广泛。模式识别法可以有效反映分子整体结构，但反映分子电子结构的能力较弱，因此缺乏明确的物理意义，使其在实践应用中受到了限制。但由于其具有方便、简单且不依赖于实验等优点，近年来得到广泛应用和发展。

QSAR 研究的主要步骤包括：数据的获得和整理；分子结构的输入；分子结构的优化；分子描述符的计算；分子描述符的选择；模型的建立等。主要步骤如图 3—1：

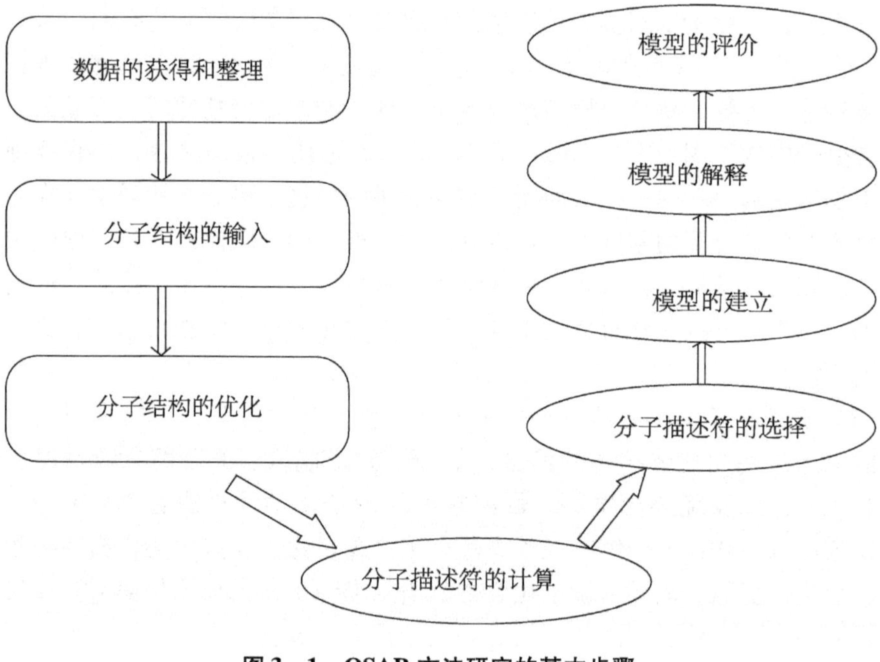

图 3—1　QSAR 方法研究的基本步骤

Figure 3—1　Basic analysis step of QSAR

在 QSAR 研究中，可靠的数据是模型准确的前提。QSAR 方法要求样本的数目一般不少于10个，大数据量的分析才能获得相对准确的模型。同时，样本的取代基的变化要尽可能地丰富，吸电子基、推电子基、体积大、体积小的取代基尽量要包含在内。在QSAR研究中，数据的获得有两个主要的来源：(1) 发表在各类科学杂志上的文章；(2) 已建立的各类数据库。在化学研究中，最常用到的数据库有下面几个：

①化学信息系统（CIS）。包括：质谱、C13NMR波谱、红外光谱、X线衍射晶体数据库、哺乳动物剧毒数据库。CIS分析程序包括统计分析和多种数学模型。如分子的模型化程序、溶解度和分配系数的计算以及化学药物的生物分解等。CIS所具有的检索功能为：名称检索、分子式检索、CAS登录号检索和子结构检索。

②剑桥结构数据库（eSD）。包含的每一个记录由参考编码所识别，同时每一个记录由三个数据段组成：BBI（文献目录）、CONN（联接度）和数值型数据DATA。CSD允许脱机查询BIB或CONN片段，之后再检索相关的DATA。CSD还允许进一步对之进行分析处理，以进行结构的显示等。

③环境化学的数据和信息网ECDIN，ECDNI可视为汇集于一体的一套计算机化的参考书，包括化学字典；物理化学性质参考书；化学产品生产字典；一套产品和商业统计表；危险物立法的手册；化学物质毒性影响的注册。库中有化合物60000个，其中20000个为剧毒化合物。

④生物数据库。生物数据库PIR（Protein Identification Resource）包括近万个经过分类带注释的序列、初级序列、没有经过验证的序列。GenBank及EMBL是两种最重要的核酸序列库。数据源以文献为主，同时对数据进行评价。在EMBL和GenBank中，每一个记录都包括核酸序列数据、位点、序列名称、注册编号、关键字、来源及其生物种、参考文献、注释、序列中具有生物学意义的确切位置以及其意义。目前唯一的糖序列数据库CarBank（Carbonhydrate Structure Database）；生物大分子数据库PDB（Protein Data Bank），PDB涉及的大分子包括：蛋白质、DNA，RNA，病毒、碳水化合物（多糖）、复合物的晶体结构等。数据库每三个月更新一次。它包括原子坐标、文献出处、一级序列、二级结构信息、晶体结构因子、2D-NMR实验数据等。期刊数据库：ACS美国化学学会（American Chemical Society）；Elsevier Scinece期刊数据库，该数据库涵盖了数学、物理、化学、天文学、医学、生命科学、商业及经济管理、计算机科学、工程技术、能源科学、环境科学、材料科学；德国施普林格期刊（Springer Verlag）

数据库，共包含439种学术期刊，其中近400种为英文期刊。内容包括：工程科技类、医学生命科学和社科类。除此以外，国内重要的数据库还包括中国期刊全文数据库（CJFD）、万方数据资源系统、综合性文献数据库：维普资讯等。

在化学中，表征化合物性质可获得化合物本身的性质特征，将其与其他化合物相比较并与其他化合物相区分。19世纪化学家首次尝试了用代数符号及数学关系式来表征物质的行为，从而使人们发现化合物的拓扑结构是决定其化学性能的重要因素。1866年，Brodic建议化学结构由数学的不变量来表示。1868年，Hermann指出影响生成热的因素不仅是分子的亲和力性质，而且包括分子的组成。在QSAR研究中，分子的化学结构不能直接地被计算机所使用，为了使计算机能方便地处理分子结构信息，需要采取计算机化的方式，也就是采用结构编码（通常称为结构参数）全面地反映分子的结构特征。QSAR模型的好坏在很大程度上取决于所选择的结构参数是否准确。参数可以从实验得来，也可以从理论计算而来。经验参数需要借助于一些物质的实验性质，典型的经验参数有：疏水性参数，电性参数，立体参数等。理论计算参数则不借助于任何实验信息，只需要分子的结构信息就可以计算出来。CODESSA和DRAGON是目前常用的计算分子结构描述符的软件。如CODESSA可以计算分子的组成描述符（如：分子量、原子数、键数、环数等）、拓扑描述符（对原子和化学键的骨架进行研究推导得出。如：原子配位数、原子连接值）、几何描述符（通过分子中原子的三维坐标计算得到描述分子大小的参数。如：分子表面积、分子体积、主轴的转动惯量等）、静电描述符（用局部电荷表示，反映分子中的电荷分布。如特定原子的最低和最高局部电荷、极性参数、分子的最低和最高局部电荷等）、量子化学描述符（即由量子化学计算得到的结合能、部分原子电荷、偶极矩和分子轨道能级等）以及热力学描述符（即分子的总体配分函数和分子中电子、平移、转动和振动组合计算得到的。如热力学分子生成焓、分子振动熵、焓等）。还有一些描述符，如WHIM描述符、Gasteiger提出的3D-MoRSE和RDF结构描述符、三维Weiner指数以及CoMFA和CoMSIA描述符等。理论计算参数的优点是对化合物结构的描述更加全面细致且物理化学意义更加明确，理论性更强。关于分子结构描述符，国内外已有许多综述和专著给予讨论。

在QSAR中最为重要的参数是理论计算参数中的量子化学描述符，这是一类应用十分广泛的参数。量子化学方法可以获得描述分子、分子碎片或取代基的反应性、形状和键合特性的参数。它具有以下的优点：（1）可以快速而准确地通过计算获得，不需要实验测定，从而节省了大量的实验费用、实验设备和时间；(2) 应用量子化学参数，可以在化合物未投入使用之前，对其毒性以及理化性质和生物活性做出预测，因而有利于对有毒有害化学品进行风险性评价与管理；(3) 此类参数具有明确的物理化学意义，有利于研究化合物结构和性质间的相互关系，也有利于发现影响理化性质的分子结构特征。

表 3—1 常用的 QSAR 参数表

Table 3—1 Parameters of QSAR

经验参数	疏水性参数	LogP，ALOGP，SMILOGP，SLOGP，CLOGP，KLOGP，KOWWIN
	电性参数	σ 取代基常数，场参数，共振参数，电荷转移常数，偶极距，氢键参数。
	立体参数	*Es* 值，摩尔折射率（MR）、范德华半径（Vr），分子表面积（A）以及分子体积（v）等。
理论计算参数	组成描述符	分子组成中氧原子、碳原子和氮原子等的数目，分子中双键和叁键的数目等。
	拓扑描述符	wiener 指数、Hosoya 指数、Randie 分子连接性指数、Kier，Hall 分子连接性指数、Balaban 指数，分子信息论指数，边邻接指数等。
	量化参数	原子电荷、分子轨道能级、前线轨道密度、超离域度、原子—原子极化度、偶极矩和极性指数、极化度。
其他描述符		wHIM 参数、3D—MoRsE 和 RDF 结构参数、CPSA 描述符，CoMFA 和 CoMSIA 描述符等。

QSAR 研究中，分子结构描述符的选取是模型可靠性、稳定能力好、预测能力强的保证。无论是在化学还是在统计学领域，分类和回归模型的准确率与描述符的个数密切相关。我们总是希望用尽可能少的变量表征尽可能多的结构信息，不相关的和多余的描述符的存在可能会导致所建立的数学模型不稳定，只注意到单个样本的特征而不能考虑到大多数化合物的结构特征，而这一点对于将模型泛化到训练集以外的化合物又是必不可少的。当观测样本的数目相对较少时，问题更加复杂，可靠性下降。如果变量数目与训练集化合物数目的比例不合适，模型将变得不稳定而且结果不易重现，在建立模型前事先将那些没有关系的包含信息量少的描述符剔除掉。如果描述符之间存在共线性问题，也会产生变量内部冗余的信息。一般来说，样本的数目至少是描述符数目的五倍。为了解决这一问题，选择一个小的与研究的性质密切相关的描述符集并且用它们来构建模型是非常重

要的。因此，必须引入变量选择技术。

研究样本数据中的多重共线性问题是值得重视的一个问题。所谓多重共线性指的是线性回归模型中的若干个描述符变量之间具有的某种线性关系。多重共线性可以分为完全多重共线性和不完全多重共线性两种情况。完全多重共线性指的是描述符变量之间存在完全的线性关系（如：描述符变量 1 和描述符变量 2 的观测值的相关系数 $R=1$）；而不完全多重共线性指的是描述符变量之间存在着近似的线性关系（如：描述符变量 1 和描述符变量 2 的观测值的相关系数 $\mathrm{R}\approx 1$）。如果描述符变量之间没有任何线性关系，则为无多重共线性（如：描述符变量 1 和描述符变量 2 的观测值的相关系数 $\mathrm{R}=0$），这正是标准线性回归方程的基本假设之一，但这也并不意味着排除描述符变量之间存在非线性关系。建立的回归模型中如果描述符变量之间存在多重共线性问题，这势必要影响到所建模型的估计能力。如果描述符变量之间存在完全的多重共线性问题，则将无法估计建立模型的参数，参数估计的方差将会变为无穷大，这必将使得建立的回归模型的普通最小二乘法估计完全失效。通常描述符变量之间最为常见的是不完全多重共线性问题，并且这种不完全多重共线性问题可能会产生以下后果：①各个描述符变量对研究化合物活性/性质的影响很难被分辨精确。建立的回归模型中的回归参数是在其他描述符变量不变的条件下某个描述符变量的变动对所研究性质/活性的影响程度，由于描述符变量之间存在多重共线性问题，某一描述符变量的变动也将会引起其他描述符变量的变动，致使我们很难区分各个描述符变量对性质/活性的影响。②模型参数的估计值对剔除或增加少量的观测值以及剔除一个不显著的解释变量都可能是非常敏感的。

考察各个描述符变量之间是否存在多重共线性问题以及共线性程度，可以采用多种方式，如容忍度法（Tolerance）、简单相关系数检验法（Correlation coefficient）、方差膨胀因子法（Variance Inflation Factor，VIF）、条件指数法（Condition Indices）、特征值法（Eigen values）以及 Theil 多重共线性系数法等。

（1）容忍度法（Tolerance）。容忍度的大小可根据式（3—3）计算：

$$\mathrm{Tolerance}_i = 1 - R_i^2 \tag{3—3}$$

式（3—3）中，R_i^2 表示第 i 个自变量 X_i 对其他自变量进行线性回归时得到的相关系数。容忍度大，则 R_i^2 小，表明自变量 X_i 包含的独立信息多，可能为对所研究性质影响大的变量；如果容忍度小，则 R_i^2 大，表明 X_i 与其他自变量包含的信息有较大重复，该变量对所研究化合物性质的解释能力也弱。容忍度的大小是根据研究的具体需要而制定的，一般当容忍度小于0.1时，其对应的 R_i^2 大于0.9，则认为变量 X_i 与其他变量之间的多重共线性超过了容许的界限。

（2）方差膨胀因子法（Variance Inflation Factor，VIF）。方差膨胀因子法（Variance Inflation Factor，VIF）和容忍度相似，方差膨胀因子是容忍度Tolerance的倒数，即：

$$VIF_i = \frac{1}{Tolerance} = \frac{1}{1 - R_i^2} \tag{3—4}$$

当 $VIF = 1.0$ 时，表明各个描述符变量之间不存在多重共线性，当 $1.0 < VIF \leqslant 5.0$ 时，表明各个描述符变量之间的共线性不严重，基于这些描述符变量建立的数学模型是可以被接受的；当 $VIF > 10.0$ 时，说明描述符变量之间存在严重共线性，所建立的模型不稳定，不可以被接受。

常用的变量筛选方法主要有逐步回归法、遗传算法、启发式方法、变量最优子集回归法、神经网络法、模拟退火法等。

（1）**逐步回归法**。该方法的基本思想是：在计算的每一步中，都要对回归方程中当时所含的因子逐个进行检验，看其对因变量是否显著，一旦发现不显著的因子则予以剔除，只有在回归方程中的所含因子全部对因变量的作用都显著时，才考虑从未选入回归方程的那些因子中挑选出对因变量作用最大者，检验其显著性，若显著则引入方程，否则即中止计算。这样，则方程中全部并且仅包含对因变量作用显著的那些变量。它结合了前向选择法（forward selection）和后向剔除法（backward eliminaiton）两种方法的优点。前向选择法是指自变量一个一个（或一个步骤一个步骤）进入回归模式中，在第一个步骤中，首先进入方程式的自变量是与因变量关系最密切的，亦即与因变量间有最大正相关或最大负相关的变量；第二个步骤（以后每一个步骤中）则选取与因变量间的净相关为最大的自变量进入回归方程。所谓后向剔除法是先将所有自变量均选入回归方程中，然后再逐一将对方程贡献最小的预测变量剔除，直到所有自变量均达到要求的标准为止。逐步回归的优点是程序易于实现，并且运行速度较快，但其严重不足是有时会陷入局部最优，并且只适用于因变量与自变量之间存在线性关系的问题。

（2）**遗传算法**（Genetic Algorithm，GA）。遗传算法是以适应性和随机信息交换为核心，是一种简洁、灵活、通用、高效的全局优化算法，目前其研究和应用已成为国际上一个富有活力的方向，成功地应用于过程控制、故障诊断、非线性拟合等许多工程和研究领域。遗传算法来源于对自然界进化过程的模拟，可以说是对达尔文进化论公式化的表达，其主要思想是利用简单的编码技术和繁殖机制来表达复杂的现象，从而解决复杂问题。它由复制（replication operator），杂交（crossover operator）和变异（mutation operator）三个算子组成。

（3）***启发式方法***（Heuristic method，HM）。CODESSA 软件中的启发式方法（Heuristic method，HM）可对大量的分子描述符进行完全搜索，从而建立最佳的线性回归方程。该方法首先对分子描述符进行共线性控制，如任意两个相关系数大于 0.8 的描述符不会同时包含在同一个模型中，并采用启发式方法对参数进行快速筛选建立最佳的模型，而不是考察所有可能的参数组合。启发式方法采用预处理的方式，根据以下四条规则排除掉一些描述符，（1）不是每个化合物都共有的参数；（2）对所有化合物来说，数值变化较小的描述符；（3）在参数相关方程中，F 检验值小于 1.0 的参数；（4）t 检验值小于某一定义值的描述符。启发式回归方法将分子描述符按一个参数模型的相关系数的降序排列，每次引入剩余描述符中与所研究性质相关系数最大的描述符，依次下去。模型的好坏由相关系数（R^2）、F 检验值（F）以及标准偏差（s）等来检验。模型的稳定性用留一法（Leave-One-Out，LOO）交互检验相关系数 R^2_{cv} 即 q^2 来检验。简单来说，首先去除数据集中的一个样本，用相同的参数重新建立模型预测去除的样本，依次下去，直到数据集中每一个样本都被去除和预测一次，求出预测值和试验值的相关系数即得到 R^2。当加入的参数不能够再显著的提高模型的 R^2_{cv} 时（这个标准通常是 R^2_{cv} 的增长小于 0.02），选择过程就可以停止了。启发式方法速度快而且所建立的模型质量也较高。

在 QSAR 研究中，将研究的所有样本进行划分，以建立模型。其中一个称为训练集，一个称为测试集。用来建立模型的样本称为训练集，被用来对已经建立好的模型进行检验的样本称为测试集。有很多种方法可以对训练集和测试集进行划分，但是被大部分人采用也是最为简单的一种方法是随机挑选法。尤其是对于一些化合物的物理性质方面的研究来讲，随机挑选的方式用途比较广。如果是研究一些化合物的生物活性，也有研究者会将化合物的生物活性值按照从大到小或者从小到大的顺序排列后再加以划分。到目前为止，还没有完全一致的对于训练集和测试集划分的很好的规则。Wu 等人在文中提及 KS 方法比 RS 方法以及神经网络的结果要好，但与 D 最优设计结果相似。Kanduc 等人对 titanium dioxide whitepigment 的颜色性质研究一文中表明采用 KS 划分训练集和测试集得到的模型比外部预测集效果要好。任月英等人在应用 QSAR 预测有机物与臭氧分子在大气层中的反应速率常数一文中，比较 KS、DUPLEX 等方法划分训练集和测试集，结果表明基于 DUPLEX 划分方法建立的模型对外部预测效果好。

应用化学计量学方法建立化合物活性或物理性质与其分子结构参数之间的定量函数关系是 QSAR 研究的主要步骤。分子结构与性质之间可能存在线性关系，也可能存在非线性关系。常用的建立模型的化学计量学方法有多元回归法、线性判别分析法、主成分回归法、偏最小二乘法、聚类分析法、遗传算法、人工神经网络法以及支持向量机法等。

建模方法的选择首先要注意构效模型的数据结构与数据类型，如连续与离散，一维和多维，对称和非对称等。对不同数据和问题采用不同的方法，例如，对于对称和非对称场合所选用的方法是不同的，对样本在描述空间是线性可分的对称场合，线性判别分析通常是一个有效的方法；而大多数场合的数据是非对称的，这就需要选择其他方法；另一方面，由于不同计算方法各有其特点，所以同时利用两种或两种以上方法进行建模计算，往往可以取长补短或相互验证，能收到更好的效果。例如，遗传算法（GA）法有很强的计算能力，把它和偏最小二乘法（PLS）相结合，构成可以处理任意函数关系的新算法，这种联合算法能越过局部最优，避免了算法的不稳定。又如，主成分分析法（PCA）可以和线性判别分析方法（LDA）以及人工神经网络方法（ANN）等多种方法联用，不但可以简化计算，而且可以得到较好的预测模型。同时，为了建立预测力强的模型，可以删除一些异常样本，但要遵循的一个原则是：删除样本的数目不能超过样本总数的 10 %；同时对这些删除的样本要仔细剖析，尤其是删除强的活性或弱的活性样本，而这些样本强烈影响数据的分布宽度时，更要仔细剖析，慎重处理。在删除样本过程中，还有一点值得注意：一次删除多个样本与逐次删除一个样本会导致不同的结果。

常用的方法包括多元线性回归法、线性判别分析法、主成分回归法、偏最小二乘法、聚类分析法、遗传算法、人工神经网络法以及支持向量机法。

（1）**多元线性回归**（Multivariate Linear Regression，MLR）。多元线性回归法是较早应用于 QSAR 的建模计算方法，可优化先导化合物活性。其基本假设是分子结构改进所致的生物活性变化与其物化参数相关。MLR 最大优点是可获得因果模型且物理意义明确，但必须满足下列条件：①描述变量/参数须相互正交；②化合物或样本数大于描述变量数。通常要求样本数至少是描述符的三倍，最好十倍以上。

（2）**线性判别分析**（LDA）。判别分析是一种根据观测变量判断研究样本如何分类的多变量统计方法，它对于需要根据对样本中每个个案的观测来建立一个分组预测模式的情况是非常合适的。分析过程基于对预测变量的线性组合产生一系列判别函数，但是这些预测变量应该能够充分地体现各个类别之间的差异。判别函数是从一个每个个案所属的类别已经确定的样本中拟合出来的，并且生成的函数能够运用于同样进行了预测变量观测的新的样本点，以判断其类别归属。判别分析的基本原理可以表述为：在一个 P 维空间 R 中，有 K 个已知的总体 G_1，G_2，G_3，…，G_K，同时有样本点 X（X_1，X_2，X_3，…，X_P），它属于且仅属于这 K 个总体中的一个，判别分析所要解决的问题是确定这个样本点 X 具体应该属于哪一个 G 总体。实际上判别分析的过程分为两个部分，首先是依据已知样本及其预测变量建立起一系列分类规则或判别规则，其次是运用这一规则对样本的原有分类进行检验以确定原有分类错判率。同时如果原有分类具有较低的错判率，则建立起来的分类规则可以应用于实际工作中。

（3）**主成分回归**（Principle Component Regression，PCR）。主成分回归方法首先采用主成分分析方法选取抽象因子，然后采用常规的回归方法建立数学模型，从而实现对原来数据的降维处理。所谓主成分，它是一个新的变量，而该新变量是原来变量的线性组合。主成分回归的主要步骤包括：（1）数据的标准化处理；（2）由数据的协方差矩阵求得本征矢量；（3）选取主成分进行多元回归分析。

（4）**偏最小二乘法**（partial least squares，PLS）。偏最小二乘法 PLS（又称为隐变量投影法）是一种多元统计分析方法，由于其有较强的提供信息的能力而广泛应用于 QSAR 研究中。它与主成分回归相似，但又克服了主成分回归没有利用因变量数据的缺点，同时从自变量矩阵和因变量矩阵中提取偏二乘成分，可以有效地降维，并消除自变量间可能存在的复共线关系，明显提高数据结果的可靠性。

（5）**聚类分析**。聚类分析 CA 法先把所要分析的 n 个对象看成 n 个类，再逐步按照之间的相似性大小进行合并归类，最终归为一类，这种方法叫作系统聚类法或谱系聚类分析，其结果构成一个谱系图或聚类图。还有一种叫作分部聚类方法，它是将分析对象最终划分为 k 个类，使得同一类中彼此相似，且不同类能得到很好分离。由于 k 个类是同时产生的，所以得到的类是非谱系的，这种方法又叫非谱系聚类分析。

（6）**遗传算法**（Genetic Algorithm，GA）。GA 是模拟生物进化过程的计算模型。它的思想源于遗传学和适者生存的自然规律，是具有“生存 + 检测”的迭代过程的搜索算法。由于遗传算法具有不依赖于问题模型的特征，且具有全局最优性、隐含并行性、高效率以及解决非线性问题的鲁棒性等特点，已经成为应用最为广泛的建模方法之一。

（7）**人工神经网络**（Artificial Neural Networks，ANN）**和支持向量机方法**（Support Vector Machine，SVM）。在众多的建模方法中，神经网络方法和支持向量机方法被认为是最为成功和有效的方法，它们在各个领域的应用也是目前国际上研究的热点。

QSAR/QSPR 研究的最终目的是通过理论指导实践，要想做到这点，必须对所建模型进行检验，以考察其对内部样本的估计能力和对外部样本的预测能力。模型验证方法一般有两种：内部验证和外部验证。

（1）**内部验证**（internal validation）。内部验证是对参与建模的训练集样本进行线性或非线性拟合，模型稳定性可以用建模相关系数 R 和交互检验相关系数 R_{cv}评价。一般 R 和 R_cv 均介于0—1，两者越接近1 越好，表明所建模型稳定性和对内部样本的估计能力越好。

（2）**交互检验**（cross-validation，CV）。从某种意义讲可以有效防止过拟合现象。有三种方式：留一法（Leave-one-out，LOO-CV），留多法（Leave-many-out，LMO-CV）和留组法（Leave 1/nout，LNO-CV）。留一法就是一次从样本中剔除一个样本，用剩余下的 $n-1$ 个样本建立模型并预测被剔除掉的样本的活性/性质，这样循环 n 次。这三种方法中只有 LOO-CV 是唯一利用了全部建模数据，因而也就是最经济和最常用的方法。但是有学者认为虽然 LOO-CV 的 R_cv 在整个建模过程中是必不可少的一步，但是它对模型预测能力的评价是不完全的，有时候会出现过拟合导致过高地估计模型的预测能力。相反，LMO-CV 却被认为是比 LOO-CV 有效的方法。然而，又有研究表明，其实最有效的、能对小数据集（20—30 个样本）的内部预测能力做出合理评价的交互检验方法应该是 LMO-30 %。研究一般认为 $R^2<0.7$ 时所建模型的稳定性和内部预测能力都较差，但是获得 R^2 较高的模型有时对外部样本预测时，也可能会出现过高估计模型的预测能力的情况。

一般 QSAR 研究比较注重所建模型的预测能力，但是要从本质上揭示和阐述化合物的结构描述符与其性质/活性之间的关系，从而达到有效地利用该模型，以期指导设计和合成一些新的化合物分子。所以理想的 QSAR 模型应该尽可能地具备如下功能：①根据所建模型能很好地预测一些未知化合物的理化性质或生物活性；②根据所建模型以及阐明的结果，为设计、筛选和预测新的化合物的性质/活性提供指导；⑤根据已有的知识，探索化合物性质/活性与分子结构之间的相互作用规律，继而探明化合物呈现某些性质/活性的机制。

3.2 实验方法

3.2.1 化学试剂

三种典型的活性电极 Pt，IrO_2 和 RuO_2 电极被用作阳极，其中，Pt 电极为纯 Pt 金属片，IrO_2 和 RuO_2 电极购自中国有色金属研究院，电极面积均为 2 cm × 2 cm，同面积的不锈钢电极作为阴极，阴阳极间距为 10 mm。使用前将 Pt 电极和不锈钢电极用砂纸打磨并用去离子水冲洗，IrO_2 和 RuO_2 电极置于去离子水中超声清洗 5 min，确保每次实验前电极表面无污染。六种对位取代酚如苯酚，对甲氧基酚，对羟基苯甲醛，对硝基酚，对甲酚和氨基乙酰酚均购自国药集团化学试剂有限公司，试剂纯度为分析纯。实验时电解液中含 1 mM 的对位取代酚，并以 0.2 M 的 Na_2SO_4 作为支持电解质。电解液的以 1 M 的 NaOH 调节溶液调至 12。每次电解取 250 mL 的电解液置于 500 mL 的烧杯中，置于磁力搅拌器上保持电解液混匀。实验控制在恒电流条件下进行，电流密度为 20 $mA \cdot cm^{-2}$，间隔一定时间取样 5 mL 进行测定。

3.2.2 检测手段

实验主要检测在不同电极表面六种对位取代酚本身随时间变化的情况。对位取代酚利用高效液相色谱（Agilent HP1100 HPLC）进行检测，色谱柱的型号为 ZORBAX SB-C^{18}，流动相为甲醇和水（50∶50），流速为 1 $mL \cdot min^{-1}$，每次进样量为5 μL。检测采用 DAD 检测器，检测波长分别为苯酚：212 nm；对甲氧基酚：290 nm；对甲醛：270 nm；对硝基酚：270 nm；对甲酚：290 nm；氨基乙酰酚：270 nm。

3.2.3 量子化学计算

为了进一步阐释反应机理，对描述分子结构特性的量子化学参数进行了计算分析。采用的分析软件为 WinMopac（Ver. 7.20，Fujitsu Co. Ltd.）；采用的计算方法为半经验的 PM3 方法；计算关键词为：EF，ESP，POLAR，DIPOLE，BONDS，ENPART，PRECISE，NOINTER。

3.3　结果与讨论

3.3.1　对位取代酚在 Pt 电极表面的降解

通过对比结构相类的对位取代酚在电极表面降解速率同分子结构之间的关系，有助于深入了解电极的电化学氧化机理。根据之前的研究报道（Zhu et al.，2008），对位取代酚在 BDD 电极表面降解速率常数 *k* 与物质的 Hammett 常数呈正相关的关系，表明在 BDD 电极表面，自由态的羟基自由基是最主要的氧化剂。参照这种方法，对 Pt 电极进行了研究。与 BDD 电极不同，Pt 电极则是一种典型的活性电极，主要依靠电极表面的高价态的氧化物矿化有机物。研究中选取了五种对位取代酚如：苯酚（phenol），对甲氧基酚（*p*-OCH_3），对甲醛（*p*-CHO），对硝基酚（*p*-NO_2）和甲酚（*p*-CH_3），研究它们在 Pt 电极表面的降解规律（图 3—2）。

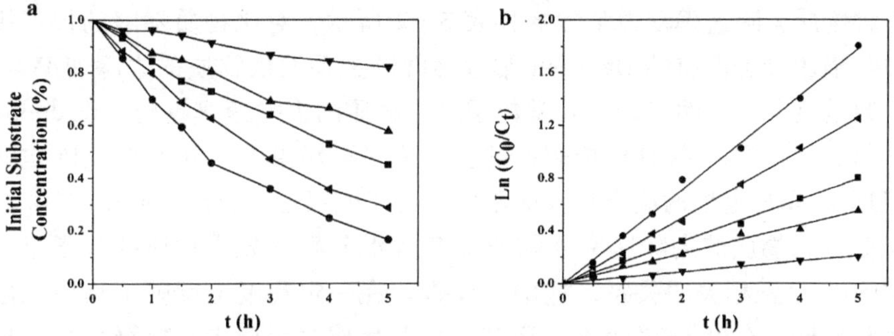

图 3—2　五种对位取代酚在 Pt 电极上的降解情况，物质浓度 1 mM，支持电解质 0.2 M 的 Na_2SO_4，pH 调至 12，电流密度 20 mA cm^{-2}。苯酚（■），对甲氧基酚（●），对甲醛（▲），对硝基酚（▼）和甲酚（◀）。（a）五种对位取代酚在 Pt 电极表面降解情况，（b）速率常数拟合曲线

Fig. 3—2　Degradation of p-phenol at Pt anode. Substrate concentration: 1 mM; pH = 12, supporting electrolyte: 0.2 M Na_2SO_4; current density: 20 mA cm^{-2}. Phenol (■), *p*-OCH3 (●), *p*-CHO (▲), *p*-NO_2 (▼) and *p*-CH_3 (◀). (a) degradation of p-phenol at Pt anode; (b) pseudo first-order constant along with electrolysis time.

从降解过程中可以发现，电解时，五种对位取代酚浓度呈指数形式衰减（图3—2a），表明整个反应过程主要受传质过程控制。经过五个小时的电解之后，对甲氧基酚去除率最大，约 85 % 的物质均在电化学氧化过程中被去除，对硝基酚的去除速率最慢，只有 18 % 的对硝基酚被去除。五种物质去除速率大小为对甲氧基酚 > 对甲酚 > 苯酚 > 对羟基苯甲醛 > 对硝基酚。从图 3—2b 中可以看出，五种对位取代酚在 Pt 电极上降解均符合一级动力学反应。

表 3—2　对位取代酚在 Pt 电极上降解速率常数

Table 3—2　Pseudo first-order kinetic equations of phenol degradation on Pt anode

substrate	k（h^{-1}）	Pseudo first-order kinetic equation	Correlation coefficient（R^2）
phenol	0. 1581	Ln（C_0/C_t）=0. 1581t	0. 996
p-OCH_3	0. 3559	Ln（C_0/C_t）=0. 3559t	0. 996
p-CHO	0. 1078	Ln（C_0/C_t）=0. 1078t	0. 986
p-NO_2	0. 0403	Ln（C_0/C_t）=0. 0403t	0. 978
p-CH_3	0. 2539	Ln（C_0/C_t）=0. 2539t	0. 998

五种物质去除速率动力学常数如表 3—2 所示，对比物质降解的拟一级动力学常数与描述分子性质的 Hammett 常数之间的关系发现物质的去除速率与 Hammett 常数呈负相关，即 Hammett 常数越大，物质的去除速率越慢（图 3—3）。这一顺序与五种物质在 BDD 电极表面的去除速率刚好相反，也印证了 Pt 电极上的氧化机理与 BDD 电极的确有很大的不同。有研究报道（Torres et al.，2003b）在 Pt 电极表面，物质的去除速率与物质的辛醇水分配系数或物质的分子量（Li et al.，2010）呈正相关的关系，这两个参数均在一定程度上反映了物质在电极表面的吸附特性。在 Pt 电极表面，羟基自由基生成之后会先与电极发生反应形成高价态的金属氧化物，之后高价态的金属氧化物参与有机物氧化去除过程。因此有机物在 Pt 电极表面被氧化去除过程可以分为两步：第一步是物质在电极表面的吸附；第二步是物质的矿化过程。Hammett 常数的大小从一定程度上反映了物质电子云密度分布情况，该常数越小，取代基吸电子能力越弱，整个苯环分子电子云密度分布越均匀。较均匀的电子云密度分布导致物质具有较强的吸附能力，使其在 Pt 电极表面较易被吸附，则其去除速率越快，因此物质的去除速率与 Hammett 常数呈现负相关的关系。

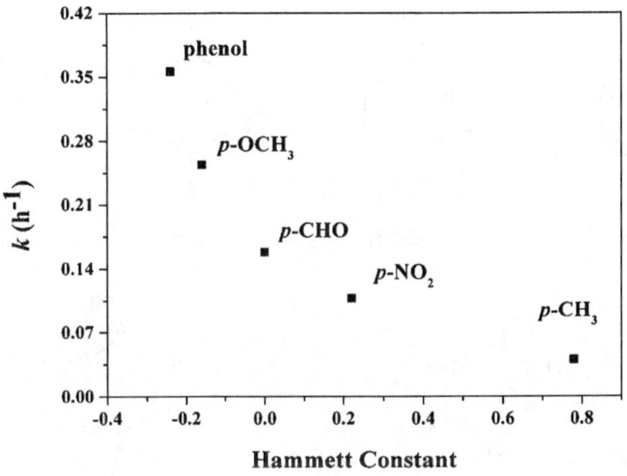

图 3—3 五种对位取代酚在 Pt 电极上的降解速率常数与 Hammett 常数的关系

Fig. 3—3 Relationship between degradation rate constant and Hammett constant of *p*-phenol at Pt anode

3.3.2 对位取代酚在 IrO_2 电极上的降解规律

作为一种典型的 DSA 电极，IrO_2 的应用受到了广泛的关注。相较于 PbO_2，SnO_2 和 BDD 等电极而言，IrO_2 电极的析氧电位较低，电极与水分子作用强烈，羟基自由基在电极表面一旦生成极易与电极材料作用，进入材料晶格中，形成高价的氧化物，进而参与氧化反应过程。相较于非活性电极，IrO_2 电极对有机物的矿化能力较弱，选择性较强，因此在本研究中，选取了五种在电极表面有较好去除效果的对位取代酚如苯酚（phenol），对甲氧基酚（p-OCH_3），对氯酚（p-Cl），对羟基苯酚（p-OH）和氨基乙酰酚（p-Acet）研究它们在 IrO_2 电极上的降解去除规律，对位取代酚结构如图 3—4 所示。

五种对位取代酚在 IrO_2 电极表面的降解效果图如图 3—5 所示，同样实验条件下，不同物质在 IrO_2 电极表面的去除速率有很大差异。在 IrO_2 电极表面，对甲氧基酚降解速率最快，苯酚降解速率最慢。五种对位取代酚在电极表面去除速率快慢顺序为对甲氧基酚 > 对羟基苯酚 > 氨基乙酰酚 > 对氯酚 > 苯酚。经过 10 个小时的电解，电解液中只有 30% 左右的对甲氧基苯酚剩余，而依旧有 86% 左右的苯酚存在，具体降解情况见图 3—5a。虽然五种对位取代酚降解速度快慢有差异，但总体均呈指数形式衰减，说明整个电化学反应主要受传质过程的影响。

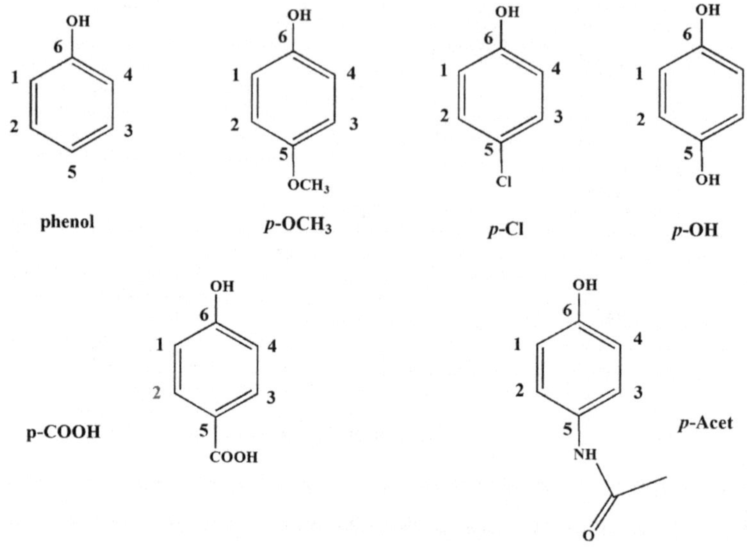

图 3—4　对位取代酚结构图

Fig. 3—4　Structure of *p*-phenol

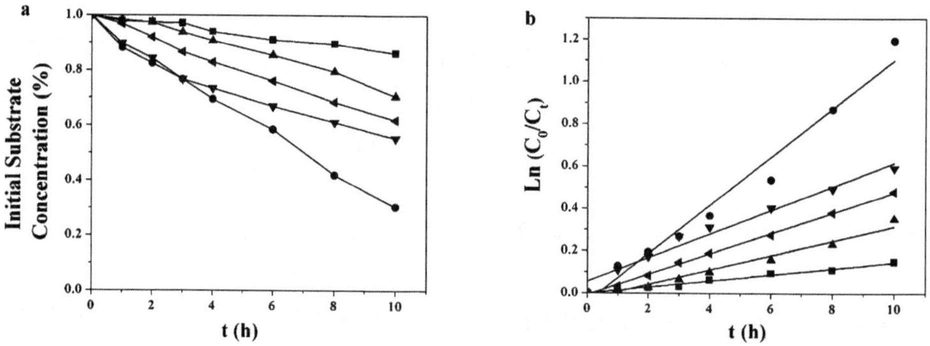

图 3—5　五种对位取代酚在 IrO_2 电极上的降解情况，物质浓度为 1 mM，支持电解质为 0.2 M 的 Na_2SO_4，pH 值为 12，电流密度为 20 mA · cm^{-2}。苯酚（■），对甲氧基酚（●），对氯酚（▲），对羟基苯酚（▼）和氨基乙酰酚（◀）。（a）五种对位取代酚在 IrO_2 电极表面降解情况，（b）速率常数拟合曲线

Fig. 3—5　Degradation of p-phenol at IrO_2 anode. Concentration of substrate: 1 mM, pH = 12, supporting electrolyte: 0.2 M Na_2SO_4, current density: 20 mA cm^{-2}. Phenol（■）, *p*-OCH3（●）, *p*-Cl（▲）, *p*-OH（▼）andp-Acet（◀）.（a）degradation of p-phenol at IrO_2 anode,（b）pseudo first-order constant vs electrolysis time.

五种对位取代酚降解拟一级动力学速率常数如表 3—3 所示。从表 3—3 中可知，五种对位取代酚降解均符合拟一级动力学反应，且拟合系数均较高。降解最快的对甲氧基酚其去除速率是降解较慢的苯酚的 10 倍左右，可见在同样条件下，物质结构不同对于其去除影响很大。

表 3—3 对位取代酚在 IrO_2 电极上的降解速率常数

Table 3—3 Pseudo first-order kinetic equations of phenol degradation on IrO_2 anode

substrate	k (h^{-1})	Pseudo first-order kinetic equation	Correlation coefficient (R^2)
phenol	0. 0146	$Ln(C_0/C_t) = 0.0146t$	0. 976
p-OCH_3	0. 1145	$Ln(C_0/C_t) = 0.1145t$	0. 971
p-Cl	0. 0342	$Ln(C_0/C_t) = 0.0342t$	0. 964
p-OH	0. 0563	$Ln(C_0/C_t) = 0.0563t$	0. 972
p-Acet	0. 0485	$Ln(C_0/C_t) = 0.0485t$	0. 998

为了进一步分析 IrO_2 电极表面物质去除的规律，将五种对位取代酚的降解速率常数同描述物质分子结构性质的量子化学参数进行拟合。Hammett 常数是描述酚类物质取代基对分子化学反应的影响，是描述对位取代酚差异的最常用的参数。但该参数也有一定的局限性，仅适用于邻位和对位取代酚，对于其他结构的化合物则没有此参数来表征。由于 Hammett 常数是由电子云分布不同所造成，因此可以从原子电子云密度分布的角度描述分子之间的差异以及不同分子在化学反应中速率不同的原因。在本书中利用 WinMopac 软件，采用 PM3 的方法对对位取代酚苯环上的碳原子电子云密度进行了计算（表 3—4）。

表 3—4 取代酚苯环上碳原子电子云密度值

Table 3—4 Electronic charge of C atom on aromatic ring

碳原子	phenol	*p*-OCH_3	*p*-Cl	*p*-COOH	*p*-Acet	*p*-OH
1	-0. 1438	-0. 1070	-0. 1319	-0. 1656	-0. 1277	-0. 1040
2	-0. 0635	-0. 1426	-0. 0637	-0. 0017	-0. 0834	-0. 1040
3	-0. 0585	-0. 0984	-0. 0588	0. 0037	-0. 0587	-0. 1535
4	-0. 1965	-0. 1592	-0. 1851	-0. 2171	-0. 1853	-0. 1535
5	-0. 1444	0. 0499	-0. 1657	-0. 1716	-0. 1358	0. 0604
6	-0. 2276	0. 0620	0. 0998	0. 1356	0. 2371	0. 0604

为了探讨 IrO_2 电极系统的氧化机理，将五种对位取代酚的降解速率常数同苯环上电子云密度最高的碳原子电子云密度进行拟合，如图 3—6 所示。

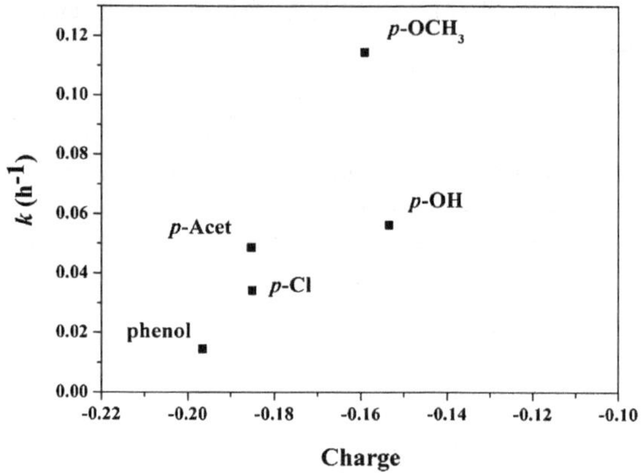

图 3—6　五种对位取代酚在 IrO_2 电极上的降解速率常数与碳原子最高电子云密度的关系

Fig. 3—6　Relationship between degradation rate constant and the highest electronic charge density of *p*-phenol at IrO_2 anode

从图中可以发现，物质降解速率大小与碳原子最高电子云密度呈一定的关系。由此推测，作为活性电极的一种，在 IrO_2 电极表面虽然依靠活性氧作为主要氧化剂，但物质的电性参数，如碳原子最高电子云密度等参数对于物质的降解快慢仍有较大的影响。

3.3.3　对位取代酚在 RuO_2 电极上的降解规律

钌系电极因具有较强的耐腐蚀性近年来在废水处理中受到了广泛的关注，已经被用于多种有机污染物的氧化降解。为了进一步研究 RuO_2 电极的氧化特性，选取了五种在 RuO_2 电极表面反应活性较好的对位取代酚作为目标污染物，研究它们在 RuO_2 电极表面的降解规律特征。五种对位取代酚为对苯酚（phenol），甲氧基酚（*p*-OCH_3），对氯酚（*p*-Cl），对羟基苯甲酸（*p*-COOH）和氨基乙酰酚（*p*-Acet）。五种物质的降解效果如图 3—7 所示。

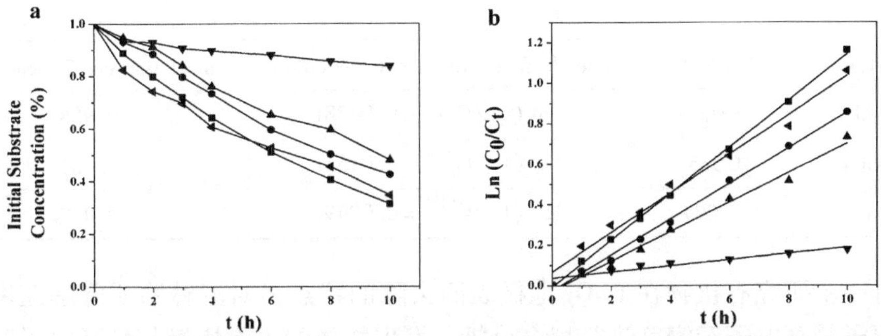

图 3—7 五种对位取代酚在 RuO_2 电极上的降解情况，物质浓度为 1 mM，支持电解质为 0.2 M 的 Na_2SO_4，pH 值为 12，电流密度为 20 mA · cm^{-2}。苯酚（●），对甲氧基酚（■），对氯酚（▲），对羟基苯甲酸（▼）和氨基乙酰酚（◀）。（a）五种对位取代酚在 RuO_2 电极表面降解情况，（b）速率常数拟合曲线

Fig. 3—7 Degradation of p-phenol on RuO_2 anode. Concentration of substrate: 1 mM, pH = 12, supporting electrolyte: 0.2 M Na_2SO_4, current density: 20 mA cm^{-2}. Phenol (●), *p*-OCH_3 (■), *p*-Cl (▲), *p*-COOH (▼) and *p*-Acet (◀). (a) Degradation of *p*-phenol at RuO_2 anode, (b) pseudo first-order constant vs electrolysis time.

从图 3—7a 可知，五种物质在 RuO_2 电极表面均能被氧化去除，但去除速率有较大差异。五种物质中去除速率最快的是对甲氧基酚，最难被氧化去除的是对羟基苯甲酸，去除快慢顺序为甲氧基酚 > 氨基乙酰酚 > 苯酚 > 对氯酚 > 对羟基苯甲酸。经过十个小时的电解之后，只有 31% 左右的对甲氧基酚剩余在溶液中，而同样条件下，依旧有 83 % 左右的苯甲酸未被去除。

虽然去除速率有差异，但五种物质的去除均呈指数形式衰减，说明在 RuO_2 电极表面传质过程是整个电化学氧化去除的控制步骤。对五种物质的去除进行指数拟合，拟合的回归系数较高，拟合结果及动力学方程见表 3—5。

表 3—5 对位取代酚在 RuO_2 电极上的降解速率常数

Table 3—5 Pseudo first-order kinetic equations of phenol degradation on RuO_2 anode

substrate	*k* (h^{-1})	Pseudo first-order kinetic equation	Correlation coefficient (R^2)
phenol	0.0882	Ln (C_0/C_t) = 0.0882t	0.998
p-OCH_3	0.1151	Ln (C_0/C_t) = 0.1151t	0.996

续表

substrate	k (h^{-1})	Pseudo first-order kinetic equation	Correlation coefficient (R^2)
p-Cl	0.0728	$Ln(C_0/C_t)=0.0728t$	0.988
p-COOH	0.0151	$Ln(C_0/C_t)=0.0151t$	0.881
p-Acet	0.097	$Ln(C_0/C_t)=0.0049t$	0.982

进一步研究有机物在 RuO_2 电极表面去除的特点，对五种物质降解速率常数和碳原子最高电子云密度进行拟合分析，发现物质的去除快慢与最高电子云密度呈一定的线性关系（图 3—8），从而表明 RuO_2 与有机物的氧化去除和物质的电性参数也有较大的关系。

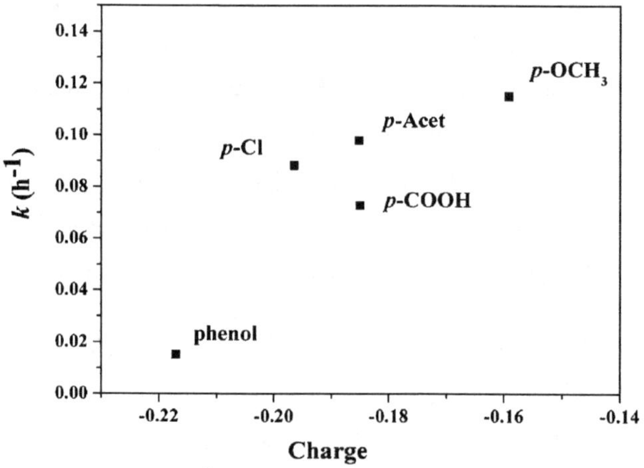

图 3—8　五种对位取代酚在 RuO_2 电极上的降解速率常数与碳原子最高电子云密度的关系

Fig. 3—8　Relationship between degradation rate constant and the highest electronic charge density of *p*-phenol at RuO_2 anode

3.4　本章小结

在本部分的研究中，借鉴之前对非活性电极的分析方法，选取了一系列的对位取代酚，研究它们在活性电极 Pt，IrO_2 和 RuO_2 电极表面的去除情况。通过对比不同物质在电极表面去除效果的不同，分析同一电极表面不同物质的降解速率

常数 k 与物质的最高电子云密度值等量子化学参数之间的关系，进一步分析电极的氧化机理。根据研究发现，在 Pt 电极表面，物质的降解速率常数 k 与 Hammett 常数呈反比，而与物质的辛醇 - 水分配系数成正比，表明吸附是物质在 Pt 电极表面被氧化的第一步，辛醇 - 水分配系数越高，物质在电极表面吸附能力越强，去除速率就越快。同样为活性电极，在 IrO_2 和 RuO_2 电极表面，物质的降解速率常数与碳原子最高电子云密度呈较好的线性关系，这表明在这两种电极表面物质的氧化去除速率同物质的电性参数关系密切。

综合目前的研究和分析，认为可以根据羟基自由基同电极作用的强弱将目前所有的电极进行统一分类，如与羟基自由基作用能力最强的为 RuO_2 电极，而与羟基自由基作用能力最弱的为 BDD，作用强弱顺序为 $RuO_2 > IrO_2 > Pt > PbO_2 > SnO_2 > BDD$。电极的氧化能力强弱顺序则刚好相反，与羟基自由基作用能力最强的电极氧化能力最弱。目前只是根据已有的资料提出这样的大致想法，并在小范围内（活性电极类或非活性电极类）进行类比，最理想的状态是能够找到一个统一的参数，有效地描述羟基自由基与电极材料作用的强弱，进而定量地对电极材料的氧化能力进行分析。但这一工作目前研究较浅，需要后续进行进一步较为深入和细致的研究工作。

第四章　利用新型供电模式提高电流效率

4.1　引　言

随着现代工业的发展，越来越多的工业废水如焦化废水（Lai et al.，2009；Zhu et al.，2009），制药废水（Boye et al.，2006；Flox et al.，2006），炼油废水（Wei et al.，2010），染料和印染废水（Körbahti，2007；Zhou and He，2007），纸浆和造纸废水（Qu et al.，2012）以及塑料工业废水（Koparal et al.，2006）不断地排放到环境中。这些废水中含有许多生物难降解的有机污染物，并且具有极强的致癌，致畸，致突变的作用，对环境和人体危害极大，但是传统的生物处理法很难将这些污染物有效地去除，因此对这些污染物有较好的处理效果的高级氧化法受到了广泛的关注。目前高级氧化法种类很多，如 Fenton 氧化法（Zazo et al.，2009），臭氧氧化（Hsu et al.，2007），湿法氧化（Kim and Ihm，2007），光催化氧化（Meshram et al.，2011），超临界水氧化（Vera Pérez et al.，2004）以及电化学氧化法（Jiang et al.，2010；Zhao et al.，2009；Zhu et al.，2010；Zhu et al.，2011）等。在各种高级氧化法中，电化学方法因设备简易，反应条件温和，无须外加化学试剂等优点受到了广泛的关注。

虽然电化学法尤其是以 BDD 电极作为阳极的电化学系统在处理生物难降解有机物方面非常有效，但是电流效率过低，能耗过大也是一直以来困扰电化学方法的瓶颈问题。在过去的报道中，许多研究均是通过耦合多种氧化手段（Alvarez-Guerra et al.，2011；Borràs et al.，2011；Brillas et al.，2004；Cañizares et al.，2009；Garcia-Segura et al.，2012；Pimentel et al.，2008）或强化系统传质的方法（Lindermeir et al.，2003；Zhao et al.，2008）来提高电流效率，降低处理能耗。然而，这些方法存在许多不足，如多种方法的耦合导致设备的复杂，外加化学试剂在强化氧化效果的同时也会与有机物反应生成新的难降解的污染物质等，使这些方法很难在实际应用中得以推广。

电极材料是电化学氧化法中最为关键的因素，在过去的几十年中，许多电极材料如 Pt（Parsa et al.，2009），IrO_2（Martínez-Huitle et al.，2004），RuO_2（Zhou et al.，2011），SnO_2（Feng et al.，2008），PbO_2（Kong et al.，2007）和 BDD 电极（Comninellis，1994；Panizza et al.，2001c；Panizza and Cerisola，2005b，2003，2004；Xing et al.，2012）均被广泛地研究。根据以往的研究结论，这些电极材料被划分为活性电极和非活性电极两类，在水被分解的电势范围内，电解反应的第一步为水分子在电极表面（M）被电解生成羟基自由基。

$$M + H_2O \rightarrow M(\cdot OH) + H^+ + e^- \quad (4—1)$$

在活性电极表面，如 Pt，IrO_2 和 RuO_2 电极等，羟基自由基和电极材料反应生成高价氧化物，依靠高价氧化物氧化水中的污染物分子，这种反应氧化能力较弱，一般很难将有机物完全矿化，有机物在电极表面主要发生化学转化。

$$M(\cdot OH) \rightarrow MO + H^+ + e^- \quad (4—2)$$

$$R + MO \rightarrow RO + M \quad (4—3)$$

在非活性电极的表面，羟基自由基不会与电极材料进一步反应，而是存在电极表面直接氧化有机物分子。

$$M(\cdot OH) + R \rightarrow M + mCO_2 + nH_2O + H^+ + e^- \quad (4—4)$$

典型的非活性电极主要有 SnO_2，PbO_2 和 BDD 电极等，这些电解的矿化能力较强，往往可以将有机物完全矿化成小分子的物质，在实际中应用较为广泛。除了氧化有机物分子之外，电极表面生成的羟基自由基也会相互作用生成氧气分子析出，这一反应是造成电化学氧化过程中电流效率低的主要原因，并且在传统的供电模式下，随着电解液中污染物浓度的降低，电能的浪费愈加明显。有学者基于电能浪费的原因提出从改变供电模式入手提高电流效率的方法，即测试 BDD 电极的极限电流密度（提供的电能与系统所需电能恰好相等），并通过多步调制使得在电解全过程中提供电能始终与系统中所需电能相等。这种方法效果显著，在电解全过程中，电流效率始终保持最大值，极大地节省了能耗（Panizza et al.，2008）。但是这种方法依靠多步调节电流使其不断逼近极限值的方法来实现，在实际中操作难度较大。基于以上的研究，开发新型的可自动逼近极限值的供电电源，使得电解全过程中电能供给量与需求量始终保持一致，对于降低电化学法水处理的成本有极为重要的意义。

在本章的研究中，选取了三种典型的非活性电极即 SnO_2，PbO_2 和 BDD 电极作为研究对象，研究三种电极最大电流密度；与北京大华电源厂合作开发了新型的电流可呈指数形式衰减变化的电源，使电解全过程中电能的需求与供给保持平衡，从而使电解全过程均可保证最高的电流密度；以 BDD 电化学氧化系统为例，采用响应曲面法研究指数衰减电源各个影响因素之间的关系并确定了最优的操作条件。苯酚是一种常见的难降解污染物，将其作为目标污染物进行处理（Wei et al.，2011；Zhu et al.，2010；Zhu et al.，2011）。

4.2 实验方法

4.2.1 反应系统

实验采用的设备结构如图 4—1 所示。BDD 电极购自德国 CONDIAS GmbH 公司，PbO_2 和 SnO_2 电极购自中科院有色金属研究院。三种阳极的面积为 24 cm^2（3 cm×8 cm），阴极为同样面积的不锈钢电极，阴极和阳极的间距为1.55 cm，整个电化学反应系统的体积为 37.2 mL。电解液由离心泵不断地离心通过电化学反应系统进行氧化处理。样品间隔一定时间从反应器中取出。

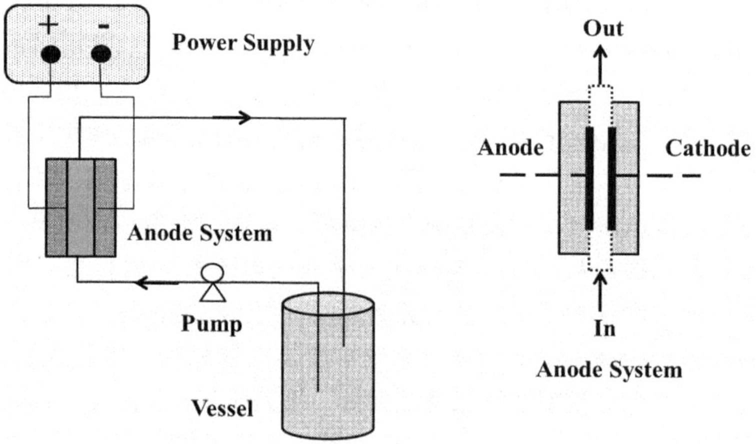

图 4—1 反应器结构图

Fig. 4—1 Sketch of electrochemical installation

4.2.2　分析方法

苯酚利用高效液相色谱进行分析，色谱仪的型号为 Agilent HP1100HPLC，色谱柱型号为 ZORBAX SB-C^{18}，使用 DAD 紫外检测器。流动相为甲醇和水，其比例为 50 : 50，流动速度为 1 mL min^{-1}。紫外检测器的波长设置为 217 nm，采用 0.1 M 的 Na_2SO_4 作为电解液。苯酚溶液的浓度以 COD 浓度衡量为 500 mg L^{-1} 并使用重铬酸钾作为氧化剂，在 150℃下消解 2h 后进行滴定测试。瞬时电流效率（Instantaneous Current Efficiency，ICE）由（4—5）进行计算。

$$ICE = \frac{[COD_t - COD_{\Delta t}]\ FV}{8I\Delta t} \tag{4—5}$$

其中，COD_t 和 $COD_{t+\Delta t}$ 分别代表 COD（g O_2 m^{-3}）在特定时间 t 和 t + △t（s）时刻的值，F 代表法拉第常数（96487 C mol^{-1}），V 代表反应器体积（L），I 代表电流密度（A），8 为单位转换常数（32 g O_2/4 mol e^{-1} O_2）。

平均电流效率（Current Efficiency，CE）由（4—6）进行计算。

$$CE = \frac{\int_0^{\tau} ICE(t)\,dt}{\tau} \tag{4—6}$$

其中，τ 代表达到一定 COD 转化率的电解时间（s）。

单位能量消耗由（4—7）进行计算：

$$E_{sp} = \frac{1000UIt}{(COD_{in} - COD_{out})\ V} \tag{4—7}$$

其中，*U* 代表系统电压（V），*I* 代表电流强度（A），*t* 代表停留时间（h），COD_{in} 和 COD_{out} 代表进入反应器和一段时间处理后流出反应器的 *COD* 值（mg · L^{-1}），*V* 代表反应器体积（L）。

测试 BDD，PbO_2 和 SnO_2 电极表面的 · OH 浓度，使用的电极面积均为 4 cm^2，并利用同面积的不锈钢电极作为阴极，电极间距设置为 10 mm。使用 250 mL 的磷酸盐缓冲液保持电解液 pH 恒定为 7。利用 N，N – 对亚硝基苯（N，N-dimethy-p-nitrosoaniline，RNO）作为 · OH 捕获剂，RNO 浓度为 3×10^{-5} M，电流密度控制为 20 mA · cm^{-2}，电解时间控制为 60 min。电解液内置磁力搅拌子保证电解液混合均匀。RNO 是一种黄色溶液，在 440 nm 处的紫外光有较高的吸光度，因此利用紫外光检测器（Specord 200，Analytikjena）测试 440 nm 处 RNO 的吸光度来确定 RNO 的浓度。

4.2.3　指数衰减供电模式

供电电源由北京大华电源厂提供，型号为 DH1765-1，该电源可以利用计算机进行程序控制，使电流强度随需要进行变化。在本研究中，希望电流强度以指数衰减的形式进行变化，指数变化公式中两个重要的参数初始电流强度和变化速度常数 k 可以直接控制和调节。根据以往的研究报道，在 BDD 电极上，当电流密度高于 5 $mA \cdot cm^{-2}$时电极主要依靠羟基自由基发生的间接氧化（Panizza et al.，2008），因此实验过程中控制电流强度的变化，当电流衰减至 5 $mA \cdot cm^{-2}$时保持恒定。

4.2.4　响应曲面法

响应曲面法是用于研究多因素影响实验的有效工具，利用这种方法可以寻找最优的实验条件并分析各个实验影响因素之间的相互关系。完全中心设计法被用于进行影响因素的实验组设计。在本研究中，以初始电流密度，流速，停留时间以及指数衰减公式中的变化常数作为 4 个主要变量，以 COD 的去除率和单位 COD 去除需要的能量消耗作为主要的影响指标。各个影响因素以及变化水平设计在表 4—1 中列出，其变化率依照（4—8）进行计算：

$$x_i = \frac{X_i - X_0}{\delta X} \tag{4—8}$$

其中，X_0 代表变量 X_i 的中心值同时 δX 代表变化速度。

实验数据采用 Minitab 16 软件进行响应曲面回归法分析，利用二级回归方程（4—9）进行具体拟合：

$$\begin{aligned} Y = {} & b_0 + b_1x_1 + b_2x_2 + b_3x_3 + b_4x_4 + b_{11}x_1^2 + b_{22}x_2^2 + b_{33}x_3^2 + b_{44}x_4^2 \\ & + b_{12}x_1x_2 + b_{13}x_1x_3 + b_{14}x_1x_4 + b_{23}x_2x_3 + b_{24}x_2x_4 + b_{34}x_3x_4 \end{aligned} \tag{4—9}$$

其中，Y 代表响应值，b_0 为常数，b_1，b_2，b_3 和 b_4 分别代表线性影响回归系数，b_{11}，b_{22}，b_{33} 和 b_{44} 代表二次回归系数，b_{12}，b_{13}，b_{14}，b_{23}，b_{24} 和 b_{34} 代表交叉影响系数。

4.3　结果与讨论

4.3.1　三种电极上最高瞬时电流效率的研究

非活性电极依靠水电解生成的羟基自由基作为主要氧化剂矿化有机物，在氧化有机物的同时，羟基自由基之间也会相互作用发生析氧反应生成氧气。因而电解过程中并非所有的电能均用于有机物的矿化，很大一部分浪费在水的分解中。因此，将电解氧化过程中浪费在电解水上的能量节省下来是提高电流效率，降低电化学法能量消耗的有效手段。有学者（Panizza et al.，2008）提出了在 BDD 电极表面的极限电流密度的概念：

$$i_{\lim}(t) = 4Fk_m \mathrm{COD}(t) \qquad (4—10)$$

其中，$i_{\lim}$代表极限电流密度（$A \cdot m^{-2}$），4 代表每摩尔氧气转移的电子数，F 代表法拉第常数（96485 $C \cdot mol^{-1}$），k_m 代表电化学反应器中的平均传质系数（$m \cdot s^{-1}$），COD（t）代表给定 t 时刻的化学需氧量（mol $O_2 \cdot m^{-3}$）。

污染物在电极表面降解过程可以分为物质在体相溶液中的扩散过程和在电极表面的氧化矿化过程，如图 4—2 所示。

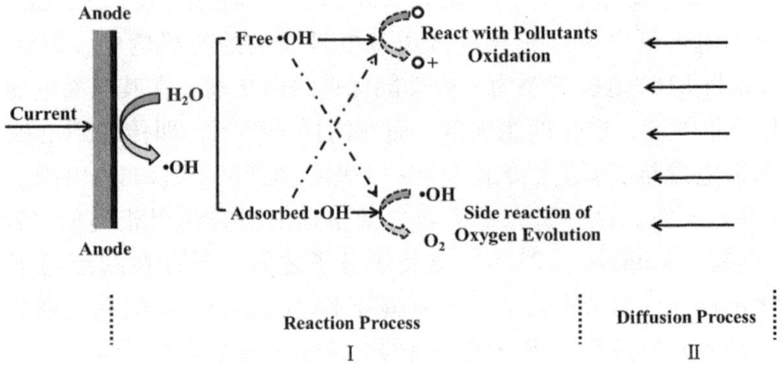

图 4—2 电解过程示意图

Fig. 4—2 Schematic diagram for electrolysis process

根据这种理论，BDD 电极可以被认为是一种性能优越的电催化剂，在合适的条件下，能有效地将电能全部转化为化学能。在供电充足的情况下，污染物的降解受扩散过程的控制，因此在恒流条件下，电解液中物质的降解呈指数形式衰减。而电能的供给一直保持恒定，因此反应后期浪费于析氧反应的羟基自由基的比例不断加大。若能采取有效的手段将浪费于析氧反应的能量节省下来有助于电化学氧化法水处理成本的降低。

根据以往的研究结果可知（Zhu et al.，2008），同样的实验条件下，不同的非活性电极表面电流效率各不相同。这一现象主要是由于不同电极表面羟基自由基的存在形态不同所造成的。BDD 电极表面为惰性电极，电极表面较为光滑，吸附能力较弱，羟基自由基生成后以自由形态存在于电极的表面附近，相互作用发生析氧反应的概率较低，易于同有机物反应将其矿化。然而在 PbO_2 和 SnO_2 电极上，电极表面较为粗糙，且对水分子和羟基自由基均有较强的吸附能力，生成的羟基自由基被吸附在电极表面，相互之间反应的概率较大，很容易生成氧气析出，导致用于有机物矿化的羟基自由基比例降低，电流效率较 BDD 电极下降明显。在这两种非活性电极上，析氧反应和有机物矿化反应竞争作用明显，且参与析氧反应的羟基自由基比例很难确定，因此这两种电极表面的极限电流密度无法像 BDD 电极一样进行准确的估算。

本研究中以 BDD 电极极限电流密度的计算作为基础，研究三种电极在极限条件下羟基自由基的利用率。根据（4—10）计算，当初始 COD 浓度为 500 $mg \cdot L^{-1}$，流速 250 $mL \cdot min^{-1}$（传质系数约为 1.8×10^{-5} $m \cdot s^{-1}$），支持电解质为 0.1 M Na_2SO_4 时，极限电流密度约为 11 $mA \cdot cm^{-2}$，在这种条件下，通过电源提供给电化学系统的电子可以全部转移到传质至电极表面的有机物中，电流利用率为 100 %。可以将 BDD 电极理解为一种性能优良的催化剂，在其表面电能可以几乎 100 %转化为化学能，催化性能优良。而在同样条件下，即传递到电极表面的有机物氧化所需电量与电源提供的电量相一致时，在 PbO_2 和 SnO_2 电极上电流效率仅为 23 %和 8.3 %，这一研究结果与之前报道的研究结果相类似（Zhu et al.，2008）。有学者（Vatistas，2010b）立足于分子之间广泛存在的范德华力进行物理推导，将电极表面溶液进行分层，来解释不同电极表面电能利用率的差异。由于材料性能的不同导致最靠近电极表面的溶液吸附层厚度 δ 不同，BDD 电极表面光滑，吸附能力弱，吸附层厚度 δ 近似为零，水分子分解成的羟基自由基可以全部进入反应层中与有机物作用。而在另外两种电极表面，吸附层厚度 δ 较大，大量的羟基自由基被束缚在吸附层内，析氧反应浪费的能量巨大。可以认定在特定条件下，PbO_2 和 SnO_2 电极上羟基自由基的利用率为 23 %和 8.3 %，氧化过程中羟基自由基利用的示意图如图 4—2 所示。

鉴于羟基自由基是电极表面的主要氧化剂，对于三种电极表面的羟基自由基浓度利用 RNO 的方法进行了测试，测试标准曲线如图 4—3 所示。

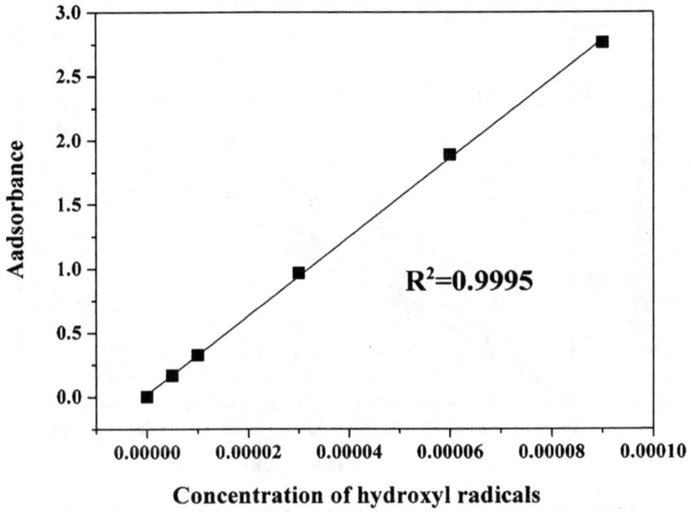

图 4—3　RNO 法测试羟基自由基浓度的标准曲线

Fig. 4—3　Standard curve for hydroxyl radicals detection by RNO.

在同样实验条件下（电极面积 4 cm^2，电流密度 20 mA · cm^{-2}，电解液 250mL，电解时间 1h），发现三种电极表面生成羟基自由基的浓度有所不同（图 4—4），PbO_2 电极表面羟基自由基浓度最高，SnO_2 电极表面羟基自由基浓度较低，BDD 电极表面羟基自由基浓度居于两者之间，这一结果同之前学者的研究相类似（Zhu et al. , 2008）。测试可知，BDD 电极超强的矿化能力并非由于电极表面羟基自由基生成量大，而是由于羟基自由基在电极表面以自由态存在使之发生析氧反应的概率降低。在另外两种电极表面，虽然羟基自由基生成量较大，但受电极表面吸附层的影响，导致大量羟基自由基浪费于析氧反应，真正用于矿化有机物的部分非常少。这些结果表明，受材料性能的影响，羟基自由基在生成之初，由于其存在形态的差异，使得它们在矿化有机物过程中的利用率有差别。因此，材料是影响羟基自由基利用率的最重要因素，材料表面性能的不同导致羟基自由基利用率和矿化力不同，通过对材料进行表面修饰可以在一定程度上增加自由态羟基自由基比例（Zhao et al. , 2010）。

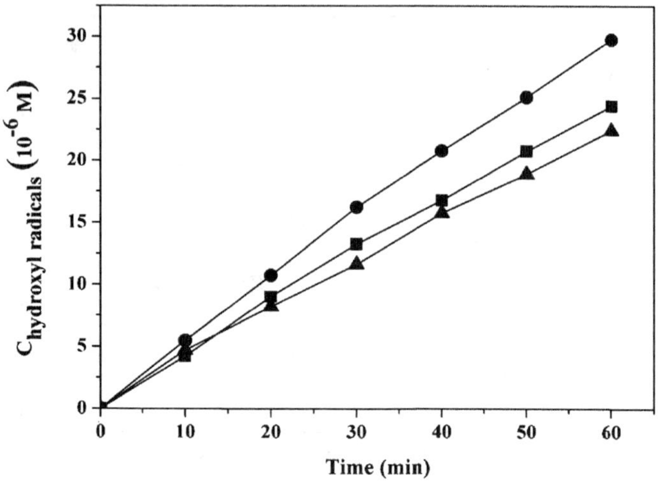

图 4—4 三种非活性电极表面羟基自由基生成量。BDD（■），PbO_2（●），SnO_2（▲）.
Fig. 4—4 Concentration of hydroxyl radicals at BDD（■），PbO_2（●）and SnO_2（▲）.

4.3.2 指数衰减供电模式的应用

在整个电解过程中，电流效率受电解时间的影响很大，电解时间 τ 越长，析氧反应越剧烈，电流效率越低。

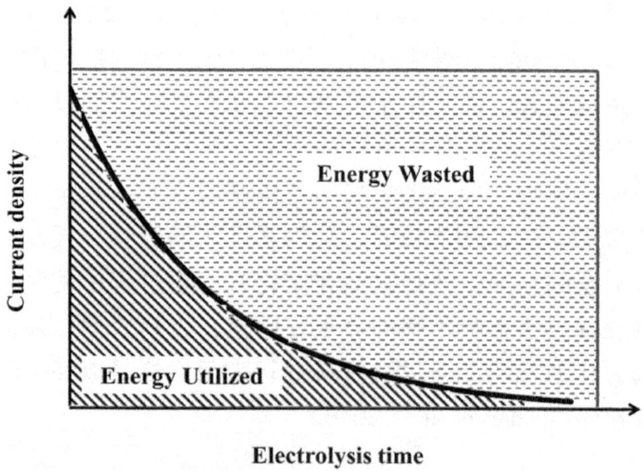

图 4—5 恒流供电模式下电解全过程能量利用示意图
Fig. 4—5 Schematic diagram for energy consumption in electrolysis process under galvanostatic consitions

在电化学氧化过程中，电解液内污染物的浓度变化遵循一级动力学方程并呈指数形式不断衰减，在传统的恒流供电模式下，而供给反应系统的电能保持不变，因此随反应的进行，电流效率不断降低，如图 4—5 所示（Jiang et al.，2010；Li et al.，2010；Panizza and Cerisola，2003；Xing et al.，2012）。根据以往的研究推测，若提供的电流密度能够随 *COD* 浓度的降低发生相应的衰减变化，则电流效率可以一直保持初始最大值。基于这种思想，本研究中采用了与北京大华电源厂联合研发的新型指数衰减供电电源，利用这种电源，提供给系统的电流可以由原先的恒流模式改为指数衰减模式，并且指数衰减条件下的初始值 i_{lim} 和变化速度常数 k 均可控制。这种新型供电模式的效果在三种典型的非活性电极上进行了研究讨论。实验条件与 4.1 中的设置相同，保证三种电极上氧化苯酚达到最高电流效率；将指数衰减的这种供电模式应用在电解全过程中，电流密度衰减常数 k 与三种电极表面恒电流条件下 *COD* 的去除速率 k_{COD} 相同。

$$COD_t = COD_0 \times \exp\ (k_{COD} \times t) \qquad (4—11)$$

三种电极上初始电流密度均设为 11 $mA \cdot cm^{-2}$，在 BDD，PbO_2 和 SnO_2 电极系统中，k 值分别为 8×10^{-5}，2×10^{-5} 和 7×10^{-6}。苯酚的降解情况和电流效率的变化情况如图 4—6 中所示。从实验结果可以发现，苯酚在三种电极表面的降解速度为 BDD 最快，PbO_2 其次，SnO_2 最慢，经过 3h 的电解之后，BDD 表面苯酚的剩余量为 31.5 %，PbO_2 电极表面苯酚剩余量为 37.2 %，SnO_2 电极表面苯酚剩余量达 91 %（图 4—6a）。*COD* 的降解也呈现出相类似的规律，在 BDD 电极表面，*COD* 的降解速度最快，3h 内约 69.2 % 的 *COD* 被去除，然而在 PbO_2 和 SnO_2 电极表面，只有 17.6 % 和 7 % 左右的 *COD* 被去除掉（图 4—6b）。由于 *COD* 所代表的是电解液中污染物的总体值，因此 *COD* 剩余百分比与苯酚本身剩余百分比的差值所代表的即为被矿化的污染物总量。从图 4—6c 的结果中可以发现，三种电极上差值最大的为 PbO_2 电极，这代表在电解过程中，苯酚本身在电极表面的转化很快，但生成的中间产物被完全矿化比较难。虽然苯酚在 BDD 电极上的降解转化最快，但在 BDD 电极上的差值较 PbO_2 低，这说明不仅苯酚本身，中间产物的矿化降解也较快，也印证了 BDD 电极具有极强的矿化能力。苯酚降解率和 *COD* 降解率差值在 SnO_2 电极上极低，这主要是由于苯酚自身在 SnO_2 电极表面的转化速度较慢，与 *COD* 降解速度相类似，因此差值较低。由于采用指数衰减供电模式，使得电解全过程中电流效率均可达到初始的最优值，尤其在 BDD 电极表面，供给系统的电量与系统所需的电量可以一直保持一致。从图 4—

6d 中可以发现，在 BDD 电极系统中，3h 的电解过程内电流效率均保持在 100 %，而在 PbO_2 电极和 SnO_2 电极表面，电流效率均保持初始所能达到的最高值，23 % 和 8.3 %。

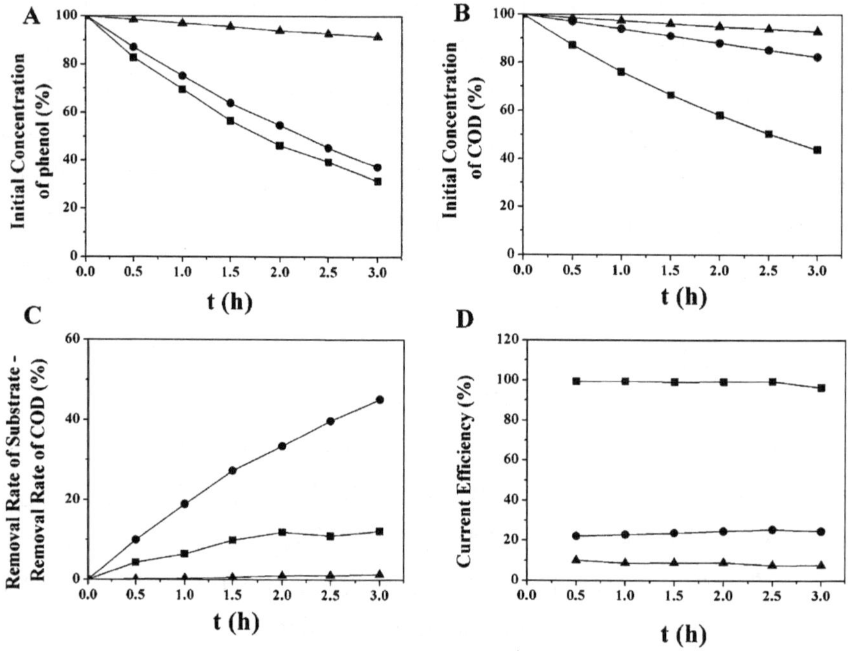

图 4—6 苯酚在指数衰减供电模式下在 BDD（■），PbO_2（●）和 SnO_2（▲）电极表面的降解情况研究。（a）苯酚降解情况；（b）COD 浓度变化；（c）降解过程中 COD 与苯酚浓度差值百分比；（d）降解过程中电流效率

Fig. 4—6 Evolution of phenol concentration（a），COD concentration（b），Difference between removal percentage of Phenol and COD（c）and current efficiency by exponential decay current mode as function of electrolysis time（d）at BDD（■），PbO_2（●）and SnO_2（▲）anodes.

能量消耗是电化学氧化处理废水的重要指标，由于电流效率的显著差异，使在不同电极表面去除单位 *COD* 的能量消耗也有所不同。在 BDD 电极表面，能量消耗为 17.6 kWh $kgCOD^{-1}$，而在 PbO_2 电极和 SnO_2 电极系统中，去除单位 COD

的能量消耗为62.6和170.2 kWh kgCOD^{-1}。以上的实验结果进一步印证了BDD电极具有极强的矿化能力以及在水处理应用中具有广阔前景。

4.3.3 指数衰减电流在BDD系统中影响因素的RSM分析

响应曲面法（Response Surface Methodolody，RSM）是基于统计学原理用于优化实验设计的方法。该方法通过建立连续变量的曲面模型分析多个独立变量对一个响应的影响以及各个因子之间的相互作用关系。这种设计方法也被称为回归设计，它的本质是通过建立经验公式模型逼近输入和输出之间的关系，在分析实验中影响因子相互关系的同时，也可以获得最佳的工艺参数和响应值。近年来，这种方法已经成为实验设计（Design of Experiment，DOE）的核心方法，在离散制造业、化学工业、食品与生物化学等诸多领域应用广泛。

RSM模型包含拟合一阶模型和拟合二阶模型两种。在拟合一阶模型中一般采用一阶设计（first order design），包括全因子设计（full factorial design）、部分因子设计（fractional factor design）、Plackett-Burman设计等。在拟合二阶模型中一般采用中心复合设计（Central Composite Design，CCD），这种设计方法是在量水平全因子和分部实验设计的基础上发展起来的一种设计方法，利用增加设计点的方式来对评价指标和影响因素之间的非线性关系进行评估。设计方法包括中心复合序贯设计（Central Composite Circumscribed Design，CCC），中心复合有界设计（Central Composite Inscribed Design，CCI），中心复合表面设计（Central Composite Face-centered Design，CCF），Box-Behnken设计和均匀外壳设计（Uniform Shell Design）等。相较于普通的实验设计方法，中心复合设计通过选择具有不同特点的实验点，达到降低实验次数，节约成本的目的。由于中心复合设计在考察相等因素的情况下实验的次数要比正交设计和均匀设计多，因此得到的非线性拟合模型的预测性通常也比正交设计和均匀设计好。回归估计、方差分析是拟合分析一阶和二阶模型的主要方法，其中最小二乘法应用最为广泛。

鉴于以BDD阳极对表面产生的羟基自由基优良利用率，以及指数衰减供电模式在电解全过程中对于析氧反应浪费现象良好的抑制作用，实验研究了以BDD电极作为阳极结合指数衰减供电模式的电化学氧化系统对于苯酚模拟废水的降解情况，并利用RSM模型结合中心复合设计方法对该系统中各个影响因素的相互关系以及最优工况进行了研究。

中心复合设计的实验表如表4—1所示，实验选取了初始电流密度（i），流速（v），停留时间（t）和电源的指数衰减常数（k）作为主要变化量，以 *COD* 降解效率（D_{COD}）和去除单位 *COD* 的能量消耗（E_{sp}）作为响应因子进行了分析。结合实验效果，对所选取的各个变量的变化范围进行了限定，其中电流密度的条件范围为 7—15 mA · cm^{-2}，电解液流速的范围设定为 100—300 mL · min^{-1}，停留时间的范围定为 48—240 min，电流密度指数衰减速率常数 k 的变化范围为 6×10^{-5}—1.4×10^{-4} min^{-1}。

表 4—1 电化学氧化苯酚模拟废水实验中各个独立实验影响因子的变化范围和变化水平

Table 4—1 Experimental range and levels of independent factors for electrochemical oxidation of phenol simulates wastewater

独立影响因子	变化因子	范围和水平				
	X_i	−2	−1	0	1	2
初始电流密度（mA · cm^{-2}）	X_1	7	9	11	13	15
流速（mL · min^{-1}）	X_2	100	150	200	250	300
停留时间（min）	X_3	48	96	144	192	240
指数变化常数 k（min^{-1}）	X_4	6×10^{-5}	8×10^{-5}	1×10^{-4}	1.2×10^{-4}	1.4×10^{-4}

参照 CCD 设计的实验方案，测试了 31 种不同条件下 D_{COD} 和 E_{sp} 的值，实验结果如表 4—2 所示。可以发现，在不同的实验条件下，*COD* 去除效果差别较大，其变化范围在 20.04%—71.03%。去除单位 *COD* 的能量消耗在不同条件下也有差异，其变化范围在 16.3—24.92 kWh kgCOD^{-1}之间。

利用响应曲面方法设计实验，所得到的实验数据采用多元线性回归的方法进行分析，分析结果可以用二次回归方程来表示（4—5）。各个实验影响因子对 COD 去除率和单位 COD 去除的能量消耗的影响拟合方程为（4—7）和（4—8）。四个影响因子在不同实验条件下对 *COD* 降解速率和单位 *COD* 去除效率的拟合回归方程的相关系数较高。回归方程的详细方差分析如表 4—3 和表 4—4 所示。

表 4—2　以 BDD 为阳极的电化学系统氧化苯酚模拟废水四因子五水平中心复合设计实验结果

Table 4—2　A 2^4 full factorial CCD with five replicates of the central point for electrochemical oxidation of phenol simulated wastewater in BDD anode system.

实验次数	*A*	*B*	*C*	*D*	D_{COD}（%）	E_{sp}（kWh $kgCOD^{-1}$）
1	-1	-1	-1	-1	30.48	18.23
2	1	-1	-1	-1	24.04	23.58
3	-1	1	-1	-1	32.45	18.97
4	1	1	-1	-1	44.62	21.95
5	-1	-1	1	-1	50.38	18.75
6	1	-1	1	-1	67.31	23.18
7	-1	1	1	-1	55.66	18.41
8	1	1	1	-1	71.15	17.24
9	-1	-1	-1	1	31.78	17.25
10	1	-1	-1	1	35.33	24.92
11	-1	1	-1	1	33.33	16.30
12	1	1	-1	1	39.22	22.28
13	-1	-1	1	1	52.9	17.99
14	1	-1	1	1	59.46	22.27
15	-1	1	1	1	56.48	16.69
16	1	1	1	1	61.97	20.22
17	-2	0	0	0	39.37	16.69
18	2	0	0	0	60.00	23.44
19	0	-2	0	0	41.51	23.91
20	0	2	0	0	55.28	18.52
21	0	0	-2	0	21.62	19.34
22	0	0	2	0	71.03	19.22
23	0	0	0	-2	59.83	18.35

续表

实验次数	A	B	C	D	D_{COD}（%）	E_{sp}（kWh kgCOD^{-1}）
24	0	0	0	2	48.18	17.10
25	0	0	0	0	51.46	19.43
26	0	0	0	0	51.36	18.23
27	0	0	0	0	49.55	18.72
28	0	0	0	0	50.02	19.23
29	0	0	0	0	52.4	18.69
30	0	0	0	0	52.4	18.85
31	0	0	0	0	49.53	19.55

$$Y(D_{COD}) = 50.96 + 8.408x_1 + 5.895x_2 + 24.873x_3 - 2.41x_4 - 3.053x_1^2 - 4.343x_2^2 - 7.513x_3^2 - 1.267x_4^2 + 4.61x_1x_2 + 7.325x_1x_3 - 4.165x_1x_4 - 3.195x_2x_3 - 5.035x_2x_4 - 5.44x_3x_4 \quad (R^2 = 0.9556) \tag{4—7}$$

表 4—3 D_{COD}拟合方差分析

Table 4—3 ANOVA test for response function Y_1（degradation efficiency of COD）

来源	自由度	Seq *SS*	Adj *SS*	Adj *MS*	*F*	*P*
回归	14	4679.52	4679.52	334.25	24.62	0.000
线性	4	4379.65	4379.65	1094.91	80.65	0.000
i	1	424.20	424.20	424.20	31.25	0.000
v	1	208.51	208.51	208.51	15.36	0.001
t	1	3712.10	3712.10	3712.10	273.43	0.000
k	1	34.85	34.85	34.85	2.57	0.129
平方	4	142.46	142.46	35.62	2.62	0.074
$i \times i$	1	8.30	16.66	16.66	1.23	0.284
$v \times v$	1	25.56	33.72	33.72	2.48	0.135
$t \times t$	1	105.74	100.89	100.89	7.43	0.015

续表

来源	自由度	Seq *SS*	Adj *SS*	Adj *MS*	*F*	*P*
$k \times k$	1	2. 87	2. 87	2. 87	0. 21	0. 652
交互作用	6	157. 41	157. 41	26. 23	1. 93	0. 137
$i \times v$	1	21. 25	21. 25	21. 25	1. 57	0. 229
$i \times t$	1	53. 66	53. 66	53. 66	3. 95	0. 064
$i \times k$	1	17. 35	17. 35	17. 35	1. 28	0. 275
$v \times \mathrm{t}$	1	10. 21	10. 21	10. 21	0. 75	0. 399
$v \times k$	1	25. 35	25. 35	25. 35	1. 87	0. 191
$t \times k$	1	29. 59	29. 59	29. 59	2. 18	0. 159
残差误差	16	217. 22	217. 22	13. 58		
失拟	10	207. 74	207. 74	20. 77	13. 16	0. 003
纯误差	6	9. 47	9. 47	1. 58		
合计	30	4896. 74				

$$
\begin{aligned}
Y\ (E_{sp}) = {} & 18.9571 + 3.8792x_1 - 2.0742x_2 - 0.7642x_3 - 0.4075x_4 + 1.3283x_1^2 \\
& + 2.4783x_2^2 + 0.4933x_3^2 - 1.0117x_4^2 - 2.0625x_1x_2 - 2.7275x_1x_3 \\
& + 2.4675x_1x_4 - 1.2875x_2x_3 + 0.0575x_2x_4 + 0.3925x_3x_4 \quad (R^2 = 0.9377)
\end{aligned}
\tag{4—8}
$$

表 4—4　E_{sp} 拟合方差分析

Table 4—4　ANOVA test for response function Y_2 (Specific energy consumption)

来源	自由度	Seq *SS*	Adj *SS*	Adj *MS*	*F*	*P*
回归	14	159. 319	159. 319	11. 3799	17. 20	0. 000
线性	4	120. 601	120. 601	30. 1502	45. 56	0. 000
i	1	90. 288	90. 288	90. 2876	136. 43	0. 000
v	1	25. 813	25. 813	25. 8130	39. 00	0. 000
t	1	3. 504	3. 504	3. 5037	5. 29	0. 035
k	1	0. 996	0. 996	0. 9963	1. 51	0. 238

续表

来源	自由度	Seq *SS*	Adj *SS*	Adj *MS*	*F*	*P*
平方	4	16. 602	16. 602	4. 1506	6. 27	0. 003
$i \times i$	1	2. 459	3. 153	3. 1532	4. 76	0. 044
$v \times v$	1	11. 662	10. 977	10. 9769	16. 59	0. 001
$t \times t$	1	0. 653	0. 435	0. 4349	0. 66	0. 429
$k \times k$	1	1. 829	1. 829	1. 8294	2. 76	0. 116
交互作用	6	22. 116	22. 116	3. 6860	5. 57	0. 003
$i \times v$	1	6. 773	6. 773	6. 7730	10. 23	0. 006
$i \times t$	1	7. 439	7. 439	7. 4393	11. 24	0. 004
$i \times k$	1	6. 089	6. 089	6. 0886	9. 20	0. 008
$v \times t$	1	1. 658	1. 658	1. 6577	2. 50	0. 133
$v \times k$	1	0. 003	0. 003	0. 0033	0. 00	0. 945
$t \times k$	1	0. 154	0. 154	0. 1541	0. 23	0. 636
残差误差	16	10. 589	10. 589	0. 6618		
失拟	10	9. 272	9. 272	0. 9272	4. 22	0. 046
纯误差	6	1. 317	1. 317	0. 2196		
合计	30	30	169. 908			

从回归模型系数显著性检验结果（表 4—3 和表 4—4）可知，该模型的一次项显著（*P* 值较小）。进一步对拟合回归方程的残差进行分析如图 4—7 所示。

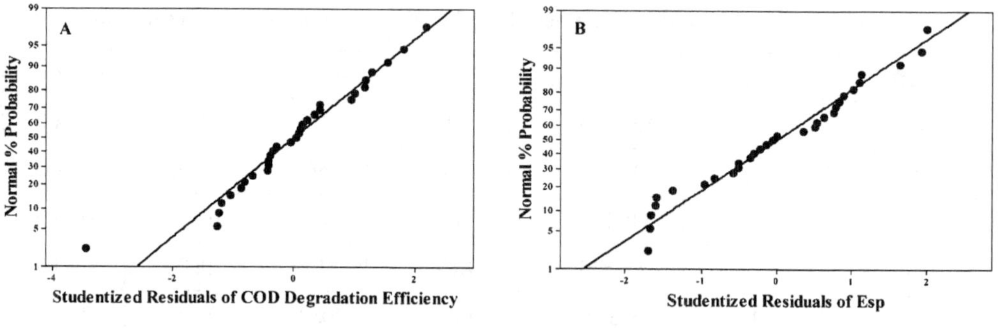

图 4—7　COD 去除率（A）和单位 COD 去除的能量消耗（B）的残差分析

Fig. 4—7　Normal plots of residuals for D_{COD}（A）and E_{sp}（B）.

图 4—7 中所示为 *COD* 去除率（A）与单位 *COD* 去除的能量消耗（B）的残差值，从图中可以看到，残差基本在零值两侧均匀分布，并且残差点呈对角线形式分布在一起，这一结果证明实验结果中没有差异很大的实验值存在，实验差值均分布在允许的操作误差范围内，证明拟合公式具有较好的预测性。

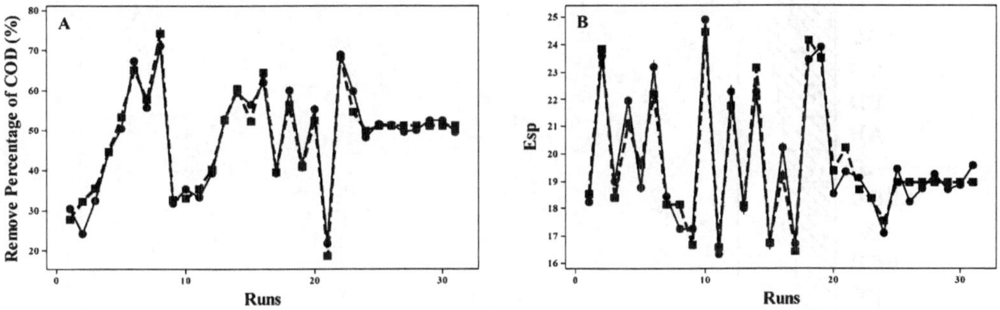

图 4—8　*COD* 去除率（A）和单位 *COD* 去除的能量消耗（B）实验值和预测值比对

Fig. 4—8　Comparsion between experimental（●）and predicted（■）values for D_{COD}（A）and E_{sp}（B）.

图 4—8 中所示为 *COD* 去除率（A）与单位 *COD* 去除的能量消耗（B）拟合二次方程得到的预测值与实验实测值之间的关系，从图中可以看到预测值与实测值之间匹配度较高，说明拟合得到的模型具备较高的预测性。

反映四个主要操作条件（初始电流密度 i，停留时间 t，流速 v 和指数衰减常数 k）对 *COD* 的降解速率的影响大小比例通过 pareto 图进行分析（图 4—9）。

从图 4—9 中可以看出四个操作因素中停留时间对于 *COD* 的去除率影响最为显著，其影响作用远远大于其余三个因素；初始电流密度对于 *COD* 的影响居于第二位；流速通过影响传质作用进而影响 *COD* 的降解率，其作用强度略低于初始电流密度，指数供电电源的衰减速率常数 k 对 *COD* 的影响作用不大。

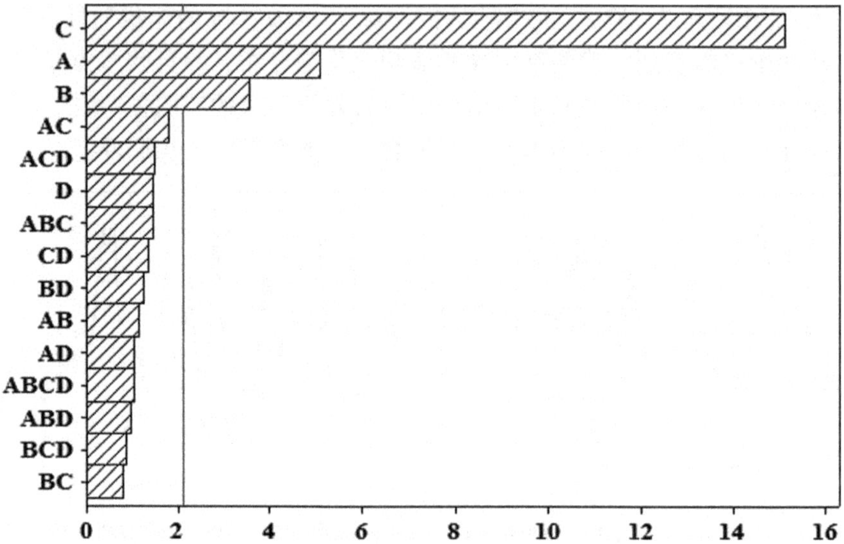

图 4—9　四个操作条件单独以及相互作用对 *COD* 去除率的影响。A 为初始电流密度，B 为流速，C 为停留时间，D 为指数衰减常数

Fig. 4—9　Influence of operating parameters on degradation efficiency of COD, A: initial current density; B: flow rate; C: retention time; D: constant k in exponential decay formula.

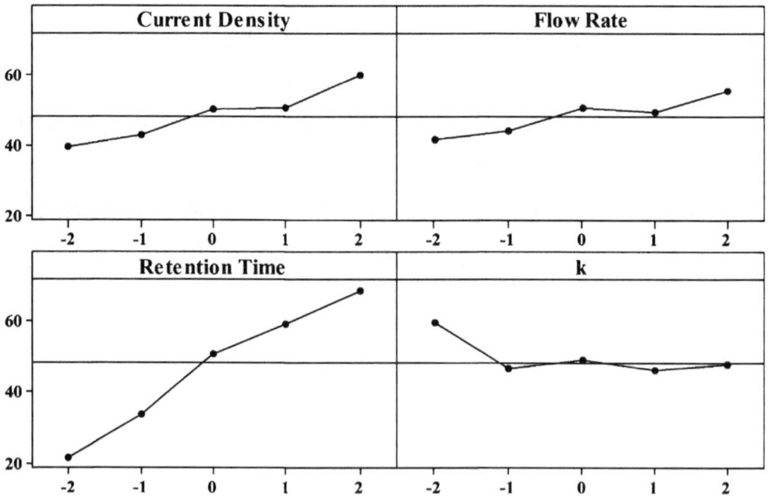

图 4—10　四个操作条件对 *COD* 去除率的影响趋势主效应

Fig. 4—10　Main effect of operating parameters on degradation efficiency of *COD*

反映四个主要操作条件（初始电流密度 i，停留时间 t，流速 v 和指数衰减常数 k）对 *COD* 的降解速率的影响趋势主效应如图 4—10 所示。从图中可以看出停留时间图直线斜率最大，初始电流密度与流速直线斜率次之，这一结果与图 4—9 中影响显著性一致，且这三个因素的斜率均为正，说明 *COD* 的去除率均随着三个因素的增长而不断增加。指数衰减常数 k 的斜率最小，且为四个因素中唯一的负值，k 反映了电流衰减速度，这一结果表明 *COD* 的去除率与电流衰减速度成反比，衰减速度越慢，去除率越高。

反映四个主要操作条件（初始电流密度 i，停留时间 t，流速 v 和指数衰减常数 k）对 E_{sp} 影响的大小比例通过 Pareto 图进行分析，分析结果如图 4—11 所示。

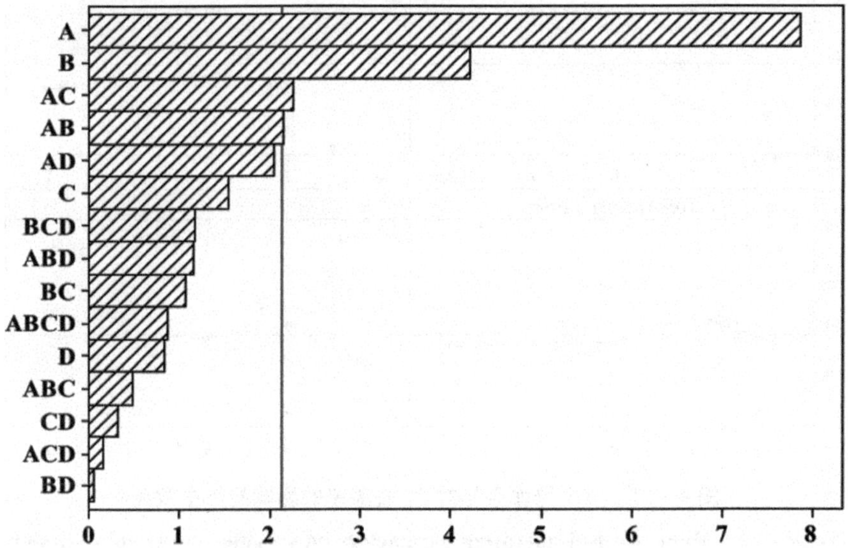

图 4—11　四个操作条件单独以及相互作用对 E_{sp} 去除率的影响。A 为初始电流密度，B 为流速，C 为停留时间，D 为指数衰减常数

Fig. 4—11　Influence of operating parameters on degradation efficiency of COD，A：initial current density；B：flow rate；C：retention time；D：constant k in exponential decay formula.

从图中可以看出四个操作因素中，对 E_{sp} 影响最大的是初始电流密度，其次为流速，停留时间和指数衰减常数 k 对能量消耗的影响均较小。

反映四个主要操作条件对 E_{sp} 的影响趋势如图 4—12 中所示。从图中可以看出，四个因素中，直线斜率最大的是初始电流密度，这和 Pareto 图的分析相一致，且该因素是四个因素中斜率唯一为正的，表明初始电流密度越大，能量消耗越高。因此在电化学反应过程中，根据实验条件确定合适的初始电流密度对于降低反应能耗非常有效。速率，停留时间和指数衰减常数 k 斜率均为负值，表明流速越快，停留时间越长，电流衰减速度越快，则能量消耗越低。在这三个因素中，流速的影响作用较强，指数衰减常数 k 次之，停留时间对能量消耗的影响作用最弱。在这种新型供电模式下，停留时间的作用与以往的恒流供电模式下情况差别最大。

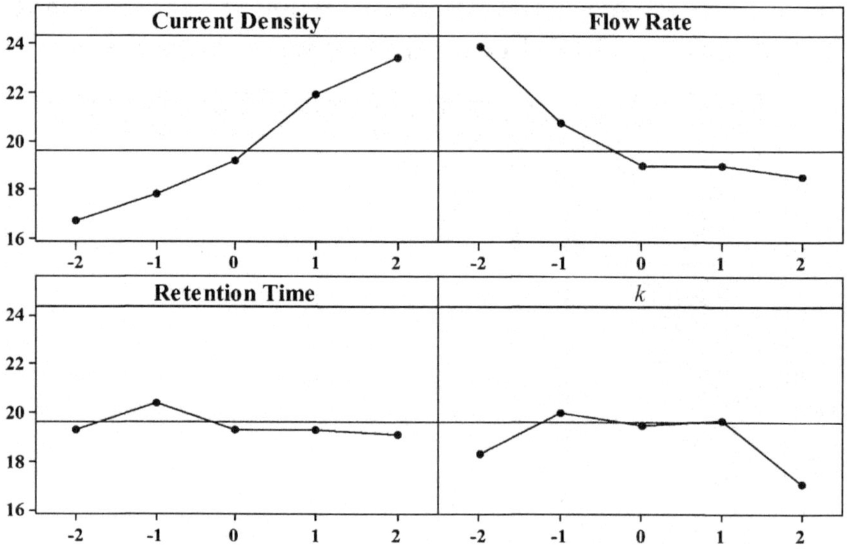

图 4—12　四个操作条件对 E_{sp} 去除率的影响趋势主效应

Fig. 4—12　Main effect of operating parameters on specific energy consumption

在传统的恒电流供电模式下，停留时间是对单位 *COD* 去除能量消耗影响最大的因素，且时间越长能量消耗越高。而在新型的指数衰减供电模式下，停留时间不再是对能量消耗有较高影响的因素，且停留时间越长，能量消耗而越低。这主要是由于在反应初始阶段，溶液中 *COD* 的浓度较高，需要供给的电量也较高，因此在这个阶段虽然电流效率为 100 %，但系统需要的电压值也较高，且能耗值由电流和电压两个值共同决定，因此去除单位 *COD* 的能量消耗较大。在电解反应后期，系统中 *COD* 的值随反应进行降低，需要的电流值也较低，因此系统的电压值也随之降低，在保证电流效率依旧为 100 % 的情况下，单位 *COD* 去除的能量消耗值降低了。因此，从整个反应过程来看，停留时间越长，单位 *COD* 去除的能量消耗越低。这是有别于以往恒流供电模式最大的一点，这一原理也可以应用公式来解释，综合（4—5）至（4—7）并设置 τ 为电解全过程时间，可得：

$$E_{sp} = 125F\frac{U}{CE} \tag{4—12}$$

在指数衰减供电模式下，全过程电流效率 *CE* 可以保持恒定的最大值，而供电电压则随着电流密度的衰减而不断下降，因此全过程中去除单位 *COD* 的能量消耗随电解时间的延长不断降低。在恒流模式下，停留时间越长，*COD* 的去除率越高，而随着析氧反应的加剧，单位 *COD* 去除的能量也越大，因此反应时间必须严格控制在一定的范围内。而在指数衰减供电模式下，反应时间越长，*COD* 的去除率越高，去除单位 COD 的能量消耗也越低，因此在条件允许的情况下（处理水量有限），停留时间可以适当地延长。

在图 4—13 中展示了四个因素两两对 *COD* 的去除率的影响。由于衰减常数 k 影响较弱，图中主要展示了另外三个因素的影响。

从实验结果分析可知，停留时间 t 对于 *COD* 的去除率影响最大，远远高于另外 3 个影响因子即初始电流密度 i（图 4—13B），流速（图 4—13C）和衰减常数 k（图 4—13D）。初始电流密度和流速的作用效果相当（图 4—13A），指数衰减常数 k 对 COD 去除率的影响不是特别明显（图 4—13D）。对于 COD 的去除率，四个影响因子的大小关系为停留时间 t 最大，其次为初始电流密度 i，再次为流速 v，衰减常数 k 的影响作用最小。综合分析实验结果，要达到较高的 COD 去除率，需要较长的停留时间，较高的初始电流密度，较快的流速和较慢的衰减速度。

四个影响因素对于单位 *COD* 去除能量消耗 E_{sp} 的影响也进行了分析，实验结果同样以等高线图的形式在图 4—14 中展示。

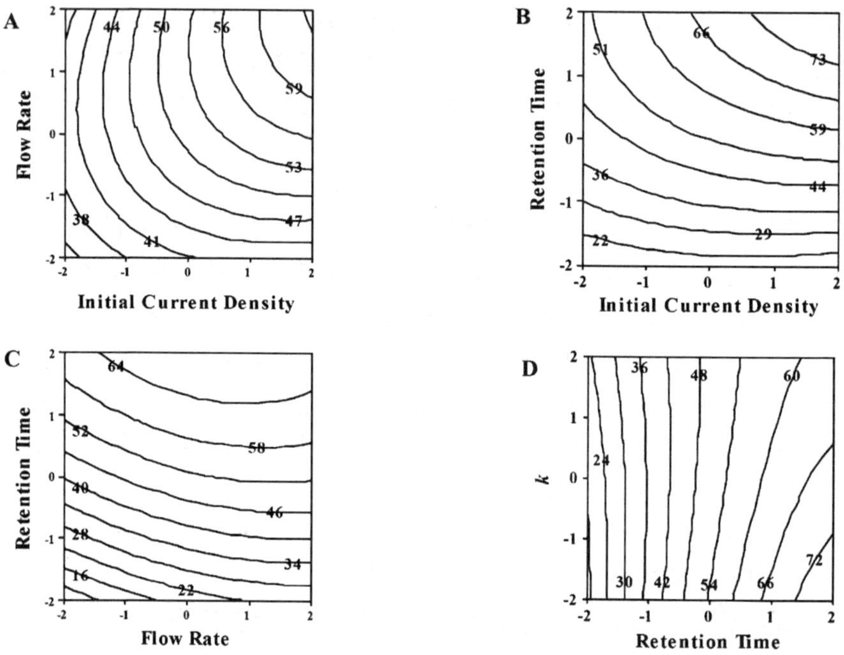

图 4—13　各因素对 COD 去除率影响的等高线分析图。（A）初始电流密度和流速，（B）初始电流密度和停留时间，（C）流速和停留时间，（D）停留时间和指数衰减常数 *k*

Fig. 4—13　Contour plots of D_{COD} in BDD anode system vs. two shown factors:（A）initial current density and flow rate,（B）initial current density and retention time,（C）flow rate and retention time,（D）retention time and constant in exponential formula k.

对于去除单位 *COD* 的能量消耗，相较于流速（图 4—14A），停留时间（图 4—14B）和指数衰减常数 *k*（图 4—14D），初始电流密度是最重要的影响因素。流速对单位 *COD* 去除的能量消耗影响大于停留时间（图 4—14C），指数衰减常数 *k* 影响作用和停留时间差不多，多能耗影响作用较小。四个因素影响力大小关系为初始电流密度最大，流速其次，停留时间较小，指数衰减常数 *k* 的影响最小。根据实验结果分析，要达到较低的单位 *COD* 去除能耗，需要较低的初始电流密度，较长的停留时间，较快的流速和较快的指数衰减速度。

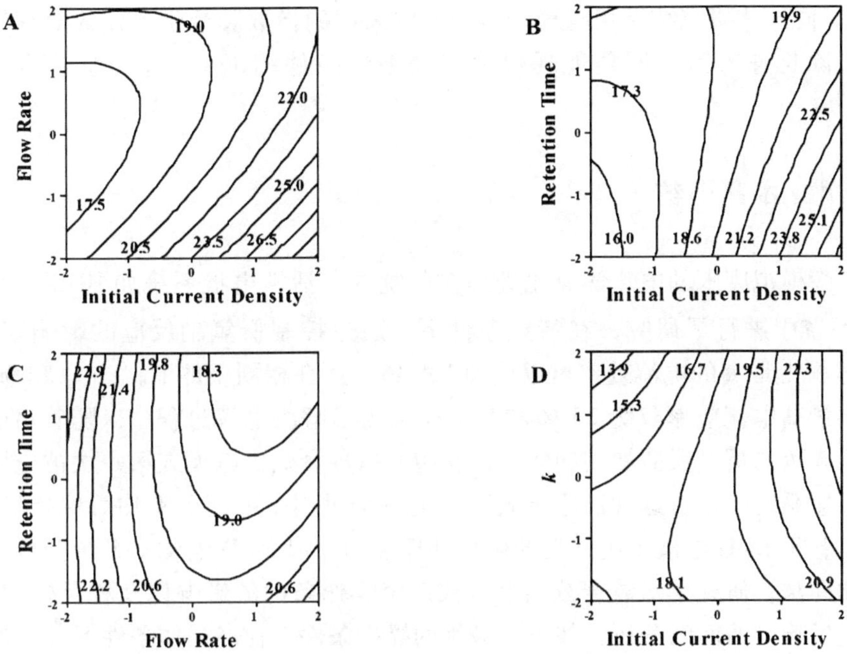

图4—14　各因素对去除单位COD能量消耗影响的等高线分析图

（A）初始电流密度和流速，（B）初始电流密度和停留时间，

（C）流速和停留时间，（D）初始电流密度和指数衰减常数k。

Fig. 4—14　Contour plots of E_{sp} in BDD anode system vs. two shown factors:

（A）initial current density and flow rate,

（B）initial current density and retention time,（C）flow rate and retention time,

（D）initial current density and constant in exponential formula k.

通过响应曲面分析，利用Minitab16确定了最优的操作条件。在最优条件下（初始电流密度11.53 mA·cm^{-2}，流速253 mL·min^{-1}，停留时间180 min，指数衰减常数k为6×10^{-5}），COD的值从500 mg·L^{-1}降至145 mg·L^{-1}，符合国家排放标准。在此过程中，电流效率保持为100 %，并且单位COD去除的能量消耗仅为17.2 kWh·$kgCOD^{-1}$。以往也有学者对BDD电化学系统对有机物去除的能量消耗进行了研究报道，采用同样的系统处理同初始浓度的苯酚模拟废水，在脉冲供电模式下，最优能耗为110 kWh·$kgCOD^{-1}$（Wei et al.，2011），而恒流供电模式下，采用连续流时，最低能耗为63 kWh·$kgCOD^{-1}$（Zhu et al.，2010），采用序批式反应，最低能耗为84.79 kWh·$kgCOD^{-1}$（Zhu et al.，

2011）。同这些研究结果相比较，本研究中采用的指数衰减供电模式对有机污染物的去除迅速有效，所需能耗仅为以往最优条件的 1/4，有效地节约了处理成本。

4.4 本章小结

苯酚模拟废水的电化学氧化处理在传统的非活性电极系统如 BDD，PbO_2 和 SnO_2 系统中进行了研究，在特定条件下，通过控制析氧副反应的影响至最低，BDD 电极上最高的电流效率可以达到 100 %，而在相同条件下，PbO_2 和 SnO_2 电极上，最高电流效率仅为 23 % 和 8.7 %。为了解决电解过程中，随着污染物浓度降低导致的析氧反应加剧的问题，新型的指数衰减供电模式第一次被应用到电化学反应系统中，在这种供电模式下，电解全过程中电流效率均可保持最高值。同时，鉴于 BDD 电极系统优良的矿化处理能力，以 BDD 电化学系统为例，采用响应曲面法，研究了指数衰减供电模式四个操作条件的影响以及相互作用关系。并且通过响应曲面的分析，找出了最优的操作条件，在高操作条件下（初始电流密度 11.53 $mA \cdot cm^{-2}$，流速 253 $mL \cdot min^{-1}$，停留时间 180 min，指数衰减常数 k 为 6×10^{-5}），COD 的值从 500 $mg \cdot L^{-1}$降至 145 $mg \cdot L^{-1}$，符合国家排放标准。在此过程中，电流效率保持为 100 %，并且单位 COD 去除的能量消耗仅为 17.2 $kWh \cdot kgCOD^{-1}$。本研究表明依托指数衰减的供电模式的 BDD 电化学系统不仅可以高效地去除污染物，而且能量消耗也可以控制在极低的水平，充分说明该系统具备极强的应用推广价值。

第五章　吸附——电化学再生工艺研究

5.1　引　言

活性炭发达的孔隙结构和巨大的比表面积使之具有强大的吸附能力，在生产和生活的各个领域被用作吸附剂广泛使用；同时因其化学性质稳定，不溶于水和有机溶剂，耐酸、碱、高温和高压等优异的性能使之在工业发展和环境治理中发挥重要的作用（唐玉霖等，2007；唐志红等，2004）。与此同时活性炭具有优良的导电性，可以填充在电极系统中构建三维电极，从而有效拓展电极面积，强化系统的氧化能力。

随着工业化进程的不断加快以及城市的扩展，工业废水和城市污水的排放量日益增加，污水中污染物浓度也不断升高，种类日趋复杂，致使水环境质量日趋恶化，如何对受污染的水体进行有效的治理成为当前亟须解决的环境问题。利用活性炭强大的吸附能力对城市污水和工业废水中的污染物进行富集去除已经成为污水深度处理和污染水源净化的有效手段。但如何处理吸附饱和的活性炭也是一直以来备受关注的环境问题。目前比较普遍的处理方法是将其废弃、掩埋或焚化处理掉，但这种处理方式极易造成二次污染问题，也导致活性炭水处理法的成本提高，从而极大地限制了活性炭吸附法的广泛应用。因此，综合经济效益和环保效益，活性炭的再生成为亟待解决的问题。活性炭再生是指通过一定的手段将吸附在活性炭表面的污染物去除，使活性炭恢复吸附的能力，可以再次应用于污染物的吸附去除过程。根据再生机理的不同，活性炭再生方法可以分为热再生法、化学药品再生法、电化学再生法、光催化再生法、生物再生法等，如图 5—1 所示（Wang et al.，2006；李惠民等，2006；李文明等，2010；朱丽苹等，2009）。

(1) **加热再生法**

加热再生法再生效率高、应用范围广，是目前所有方法中最成熟、应用最多的再生方法（Berenguer et al.，2010a；Duan et al.，2012；Maroto-Valer et al.，2006；Nahm et al.，2012；Qu et al.，2009；Seredych et al.，2011；李晨曦等，2008；Kyzas et al.，2011）。加热再生法的优点是再生率高，但再生过程中也存在能源消耗大，投资及运行费用较高和活性炭损失等问题。

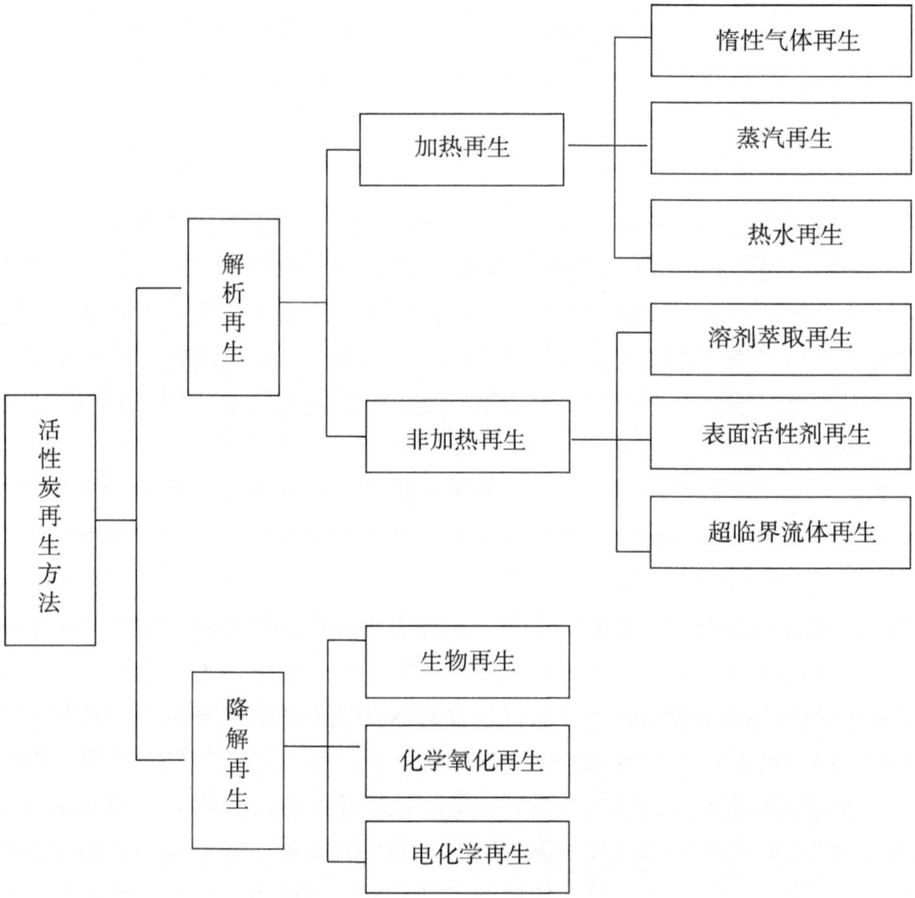

图 5—1 吸附饱和活性炭再生方法

Fig. 5—1 Regeneration methods for saturated active carbon

(2) **溶剂再生法**

溶剂再生法是利用吸附质在活性炭与溶剂两相中的平衡关系，通过实验条件的调整，使吸附质从活性炭上脱附下来进入溶剂中的过程（Horng and Tseng, 2008；Demirbas, 2001；Deveci et al., 2006；韩永忠等, 2006；唐志红等, 2004）。这种对于高浓度、低沸点有机废水脱附处理较好，但在实际使用过程中，由于所吸附的有机物种类繁多，数量巨大，而一种溶剂往往只能脱附某些特定的污染物，存在应用范围受限等问题。

(3) **生物再生法**

生物再生法是利用微生物降解去除活性炭上吸附的有机物，从而使其恢复吸附能力的方法（田琳等, 2012；张婷等, 2009）。这种方法的优点在于简便易行，投资和运行费用较低。缺点在于再生时间较长，再生效果受水质和温度的影响较大，对污染物的针对性较强以及降解过程中有机物不能彻底矿化等。

(4) **湿法氧化再生**

湿式氧化再生是按湿式燃烧的原理使吸附在活性炭表面的有机污染物氧化分解，从而使活性炭恢复表面吸附的能力（Guo et al., 2011；Charinpanitkul and Tanthapanichakoon, 2011；Delmas et al., 2009；Gonzalez et al., 2002；Lu et al., 2011；Okawa et al., 2007；Polaert et al., 2002；Quesada-Penate et al., 2012；Salvador et al., 2013）。这种方法对有机污染物去除较快，但也存在再生率低，能耗大，对设备要求高，运行和维护费用高等问题。

(5) **光催化再生**

光催化再生（Cao and Shiraishi, 2010；Devi et al., 2011；Devi et al., 2011；Foo and Hameed, 2010；Jin et al., 2011；Cao et al., 2010）是在紫外光照射下，利用光催化剂（如 TiO_2 等）通过光化学反应去除活性炭表面吸附的有机物，从而使活性炭的吸附能力恢复的方法。

(6) **电化学再生**

电化学再生法是将吸附污染物的活性炭置于电化学系统中，在电场作用下，将活性炭上的吸附的污染物质脱附下来，使活性炭得以再生，同时利用阳极生成的氧化剂将其氧化去除的方法（Berenguer et al., 2010b, c；Berenquer et al., 2009；Brown et al., 2004；Krawczyk and Skowronski, 2012；Lei et al., 2009；Narbaitz and McEwen, 2012；Wang and Balasubramanian, 2009a；Yuan et al., 2011；Zhou and Lei, 2006；李增朝等, 2009）。电化学再生法无须外加化学药

品，处理设备简单，占地面积小，无二次污染，操作管理方便，极具推广应用的潜质，近年来受到了广泛的关注。

目前，电化学再生饱和活性炭的研究绝大多数侧重于操作条件的优化（Stern et al.，2011；Berenguer et al.，2010a；Berenquer et al.，2009；Julcour-Lebigue et al.，2012；Mohammed et al.，2011；Zhou and Lei，2006），而对于再生机理的研究不够深入，绝大部分的研究认为电化学再生的机理依靠电化学系统中生成的氧化剂直接氧化去除活性炭表面和孔道中的有机物，未考虑电脱附等作用的影响；另外一般直接将活性炭置于阴极阳极之间，对于活性炭在电化学系统不同位置再生的研究较少；此外，电极材料在电化学反应过程中的影响巨大，目前还没有对不同电极材料的再生效果进行比较的相关报道；与此同时，本研究还考察了供电模式的影响，将恒流供电模式改为符合有机物脱除规律的拟指数衰减模式，使再生能耗大大降低。通过系统研究电化学再生吸附饱和对硝基酚的颗粒活性炭的机理，对反应条件进行了优化，对比了不同阳极材料对再生效率的影响，同时采用了新型供电模式研究降低再生能耗。

5.2 实验方法

5.2.1 化学试剂

颗粒活性炭购自国药集团化学试剂有限公司，粒径为 0.4—0.5 mm；其他化学试剂如对硝基酚，Na_2SO_4，NaOH 和 H_2SO_4 均为分析纯级别，购自 Sinopharm 化学试剂有限公司。在使用之前，颗粒活性炭均用去离子水清洗数遍并在 105 ℃的烘箱内烘干 24h 至恒重。其余化学试剂使用前均未经进一步纯化。

5.2.2 颗粒活性炭吸附对硝基酚

颗粒活性炭吸附饱和对硝基酚在封闭的摇瓶中进行。取浓度为 1000 mg · L^{-1} 的对硝基酚 150 mL 置于容积为 250 mL 的锥形瓶中，加入 0.5 g 未使用的颗粒活性炭，在恒温摇床（30 ℃）中以 200 r · min^{-1}的速度摇 6h 直至吸附平衡（根据实验测试，该实验条件下，6h 后活性炭吸附可达到平衡）。吸附饱和的颗粒活性炭过滤后在 105 ℃的烘箱内烘干 24h 至恒重用于再生实验。

5.2.3 电化学再生系统

电化学再生系统结构如图 5—2 所示，吸附饱和的活性炭置于电化学系统内，含有 0.1 M Na_2SO_4 的支持电解液通过离心泵不断在电化学系统内进行循环流动，支持电解质的 pH 用 1 M 的 NaOH 和 H_2SO_4 进行调节。吸附饱和活性炭在电化学系统不同位置上进行再生（固定于阳极表面，固定于阴极表面，自由置于阳极和阴极之间）。阳极材料分别为 BDD 电极（购于德国 GmbH 公司），Pt 电极（Ti 基载 Pt 金属涂层，购于江苏铂瑞电极制造有限公司）和 SnO_2 电极（购于中国有色金属研究院），电极材料尺寸为 3 cm × 8 cm，并采用同面积的不锈钢电极作为阴极。电极间距为 1.55 cm，电化学处理系统的总容积为 37.2 mL。电解再生实验在恒电流条件下操作并在室温（25 ℃）下进行。

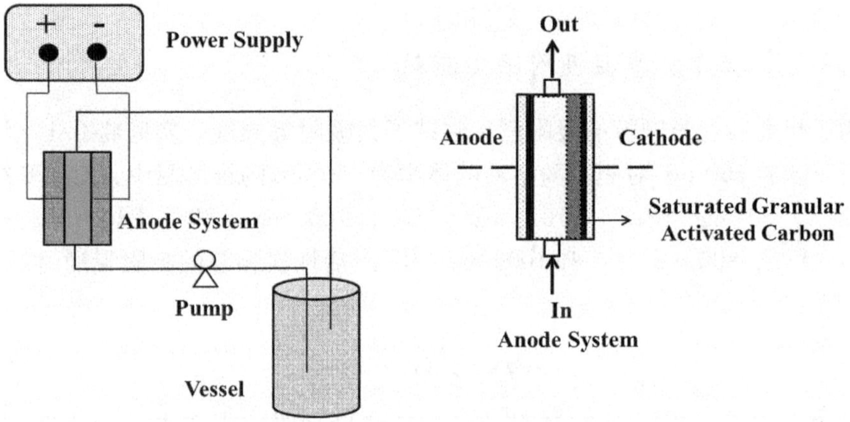

图 5—2 电化学再生系统结构图

Fig. 5—2 Diagrammatic scheme of electrochemical regeneration system

5.2.4 分析方法

再生后的颗粒活性炭首先在 105 ℃下烘干 12h 至恒重，进行再生率测试。再生率测试的实验条件与吸附饱和实验条件相同，取 0.5 g 再生颗粒活性炭置于 150 mL 含有 1000 mg · L^{-1}对硝基酚的溶液中摇匀 6h 至吸附平衡。测试溶液中剩余对硝基酚的浓度，并与未使用的颗粒活性炭在同条件下吸附效果相对比，再生率采用（5—1）进行计算。

$$RE = \frac{R_{GAC}}{V_{GAC}} \times 100 \quad (5—1)$$

其中 R_{GAC}代表再生后的颗粒活性炭的吸附量，V_{GAC}代表未使用的颗粒活性炭的吸附量。吸附实验中摇瓶中剩余对硝基酚的浓度和电解过程中支持电解质内对硝基酚的浓度采用高效液相色谱进行测试，高效液相色谱仪的型号为 HPLC，AgilentHP1100，液相色谱柱为 ZPRBAX SB-C^{18}，采用 DAD 检测器并设置检测波长为 338 nm，柱温控制为 30 ℃。流动相为甲醇和超纯水的混合相，甲醇和水的比例为 55∶45，流速设置为 1 mL · min^{-1}，进样量为 1 μL。再生后的活性炭形貌利用扫描电镜（SEM，Quanta 200F）进行分析。

5.3　结果与讨论

5.3.1　活性炭等温吸附平衡测试

为了研究活性炭颗粒的吸附量，测试了其吸附等温线。实验将 0.1 g 活性炭颗粒置于含有 200 mL 对硝基酚溶液的体积为 250 mL 的锥形瓶中，对硝基酚的浓度分别为 50 mg · L^{-1}，100 mg · L^{-1}，200 mg · L^{-1}，400 mg · L^{-1}，600 mg · L^{-1}，800 mg · L^{-1}和 1000 mg · L^{-1}。活性炭颗粒的吸附量通过（5—2）进行计算：

$$q = \frac{V}{M}(c_0 - c_e) \quad (5—2)$$

其中 c_0 和 c_e 分别代表对硝基酚的初始浓度和吸附平衡之后的浓度（单位：mg · L^{-1}）；q 代表 1g 活性炭颗粒上所能吸附的对硝基酚的量（单位：mg），V 代表溶液体积（单位：L），M 代表加入溶液中的活性炭的质量（单位：g），吸附温度控制在 30 ℃。活性炭吸附对硝基酚的实验结果如图 5—3 所示。

通过对活性炭吸附量进行公式拟合，发现活性炭颗粒对于对硝基酚的吸附符合 Freundlich 方程，并且拟合相关系数 R^2 为 0.9991，拟合公式为（5—3），通过对吸附等温线实验结果进行拟合计算知，K 值为 7.5458，n 值为 4.8614。

$$\ln q_e = \ln K + \frac{1}{n}\ln c_e \quad (5—3)$$

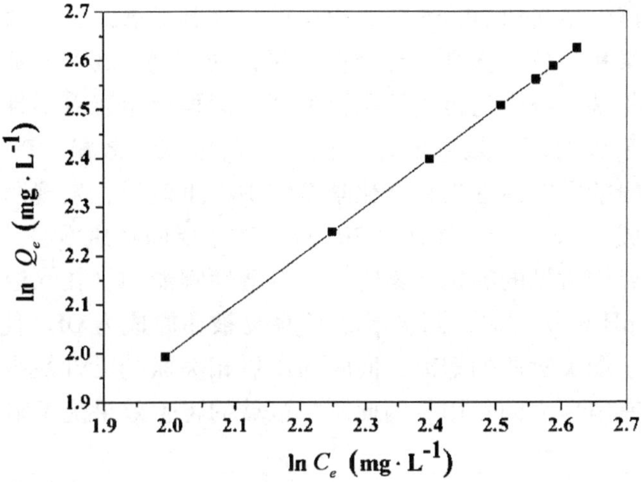

图 5—3 30 ℃条件下活性炭颗粒吸附对硝基酚的吸附等温线

Fig. 5—3 Adsorption isotherm of *p*-NO_2 on GAC at 30 ℃

5.3.2 电化学再生机理分析

当吸附饱和活性炭被置于电化学系统内不同位置时，再生情况不同。研究中将吸附饱和的活性炭分别置于电极系统的阳极，阴极，和两极之间，研究不同位置活性炭的再生率以及支持电解质中对硝基酚的浓度变化（图 5—4）。

在电化学再生系统中，吸附饱和的颗粒活性炭通过绝缘纱布分别固定在阳极，阴极上，或自由置于阴极和阳极之间。首先，研究了将吸附饱和的颗粒活性炭置于阴极阳极之间且不加电，使支持电解质循环通过电化学系统，由于差极化的作用，部分吸附在活性炭上的对硝基酚也会释放到溶液中，处理之后的活性炭再生率约为 15.05 %。控制条件不变，在系统中加上 0.6 A 外加电，处理后的活性炭再生率也仅为 15.25 %，同未加电的情况极为类似。考虑到电极表面生成的羟基自由基是 BDD 电极上的主要氧化剂，而羟基自由基的存在寿命非常短，只能存在于电极表面一定距离内，由于有机污染物大多吸附在活性炭发达的孔径中，羟基自由基很难与其反应将其有效去除，因此吸附饱和的活性炭用绝缘纱布固定在阳极表面，经过相同时间的电解处理后，发现活性炭的再生率依旧很低，在 15.45 % 左右，同不加电的空白试验，和加电后置于阴极阳极之间的情况相类似。然而当吸附饱和的活性炭被绝缘纱布固定在不锈钢阴极时，同样的处理条件下，活性炭的再生率高达76.65 %，再生效果极其显著。这一研究结果同之前的一些研究结果相一致，张会平等（张会平，傅志鸿，2000）研究了吸附苯酚的活性炭在电化学系统中的再生情况，发现不同再生位置对活性炭再生影响很大，阴极附近区域的再生效果要远远优于阳极区域的效果。Berenguer 等分析了吸附对硝基酚的颗粒活性炭在电化学系统中再生效果，发现阴极区域的再生要优于阳极区域（Berenguer et al.，2010）。这主要同物质本身的性质相关，酚类物质是自然界中常见的有机污染物，具有酸性官能团，在水溶液中的解离度同环境溶液的 pH 密切相关，阴极区域 H_2O 易被还原成为 OH^- 使靠近阴极的区域呈碱性，利于酚类物质的解离，同时与阴极相关联的活性炭带负电，对解离出的阴离子具有电斥力的作用，因此阴极区域的再生效果优于阳极。

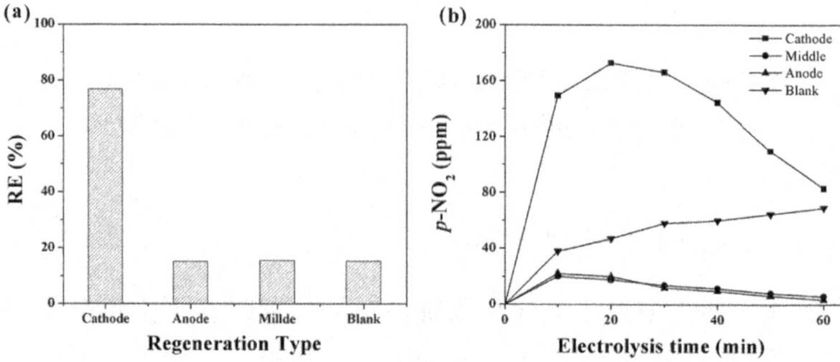

图 5—4 吸附饱和活性炭在电化学系统中不同位置再生情况研究。活性炭重量 1g；阳极：BDD 电极；阴极：不锈钢电极；电流强度：0.6 A；支持电解质为 0.1 M Na_2SO_4，pH 值：7，流速：150 mL · min^{-1}；电解时间：1h。（a）为吸附饱和活性炭在电化学系统不同位置再生后的再生率；（b）为对应条件下支持电解质中对硝基酚浓度

Fig. 5—4 Regeneration of 1 g saturated GAC settled at different position in the electrochemical system. Anode：BDD；cathode：stainless steel；current intensity：0.6 A；flow rate：150 mL · min^{-1}；electrolyte：0.1 M Na_2SO_4；pH value：neutral；electrolysis time：1 h.（a）RE of GAC at different position of the electrochemical system.（b）Concentration of p-NO_2 in electrolyte.

电解液中对硝基酚的浓度也被定时检测，从图 5—4b 中可以发现，在未加电的空白情况下，溶液中的对硝基酚的浓度缓慢地增长，1h 内可积累到 60 ppm 左右，这主要是由于浓差极化的作用，大量有机物吸附在活性炭的表面，一部分会脱离活性炭的吸附并释放到电解液中，但速度较慢释放量也极小，因此在这种情况下，活性炭的再生率也较低。当活性炭自由置于阴极阳极之间并外加电源的情况下，由于阳极的强氧化作用，释放到电解液中的对硝基酚进一步被氧化，且氧化去除的速度高于其从活性炭表面释放的速度，因此电解液中对硝基酚的浓度随电解时间的延长不断下降。当活性炭被固定在阳极时，电解液中对硝基酚浓度的变化情况与置于阴极阳极之间很类似，说明系统中存在的主要反应依旧是对硝基酚在浓度差作用下由活性炭表面的释放以及阳极对其氧化的作用。而当活性炭被固定在阴极上时，电解液中对硝基酚的浓度增长明显，在20 min左右可高达180 ppm左右，后由于阳极的氧化作用，其浓度不断下降。这种实验现象说明，当活性炭固定在阴极上时，阴极强化了对硝基酚从活性炭表面的释放，使大量活性炭从活性炭孔道中释放至电解液内，从而大大提高了活性炭的再生率。

活性炭阴极再生机理可以从对硝基酚自身的性质以及活性炭对其进行吸附的原理来分析，具体吸附机理如（5—4）至（5—8）所示：

解离过程

$$MOH \rightleftharpoons M^+ + OH^- \quad (5\text{-}4)$$

$$MOH + H^+ \rightleftharpoons MOH_2^+ \quad (5\text{-}5)$$

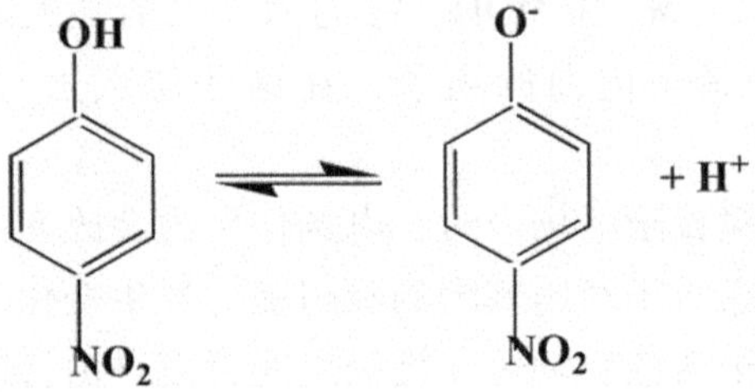

(5-6)

吸附过程

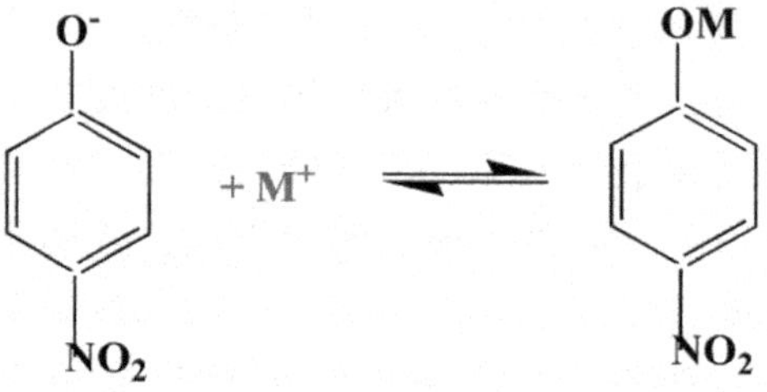

(5-7)

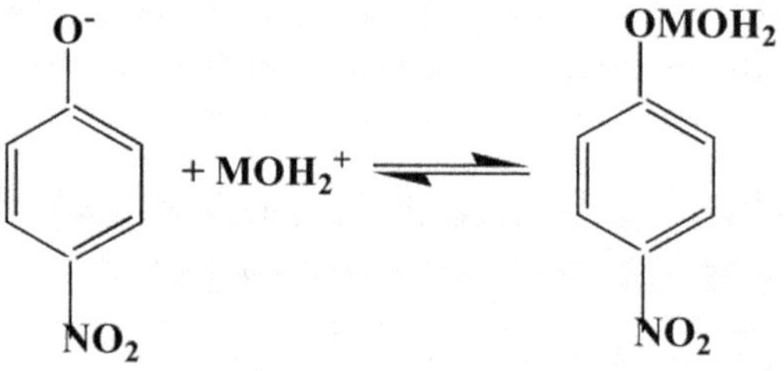

(5-8)

根据汤鸿霄等人的研究报道可知，水体颗粒物表面的羟基配位是活性炭吸附水溶液中有机物的主要机理。在水溶液中，活性炭颗粒（M）会与水解离产生的 OH^- 结合形成羟基化表面（MOH），当活性炭表面含氧官能团较少，电负性较弱时，MOH 易发生解离形成 M^+；另一方面随着 MOH 中 O 电子云密度增加，MOH 易与 H^+ 结合形成 MOH_2^+；M^+ 和 MOH_2^+ 等均为表面活性吸附位点，对硝基酚容易脱去氢离子成为一个带负电荷的离子，在这些位点上与对硝基酚发生化学吸附。

当吸附饱和的活性炭置于电场中时，电场作用力会改变活性炭表面的活性位点的电性，从而导致位点对于对硝基酚的吸附能力发生变化。当吸附饱和的活性炭置于极板之间时，由于活性炭颗粒在极板之间可以自由移动，使得表面感应电荷也在不断变化之中，削弱了电场对于对硝基酚解吸的作用。当吸附饱和的活性炭置于阳极表面时，活性炭与带正电荷的极板相连，活性炭表面正电荷影响更为明显，对于对硝基酚的吸附力有强化的趋势。而当吸附饱和的活性炭置于阴极表面时，低电势使活性炭表面带有大量的负电荷，从而对于靠化学作用力吸附在表面的对硝基酚具有极强的排斥作用，大量的对硝基酚从活性炭表面解吸进入溶液中，之后在阳极表面被氧化去除（图 5—5）。因此在电化学系统内，吸附材料的再生和有机污染物的去除有效结合并可同步实现。

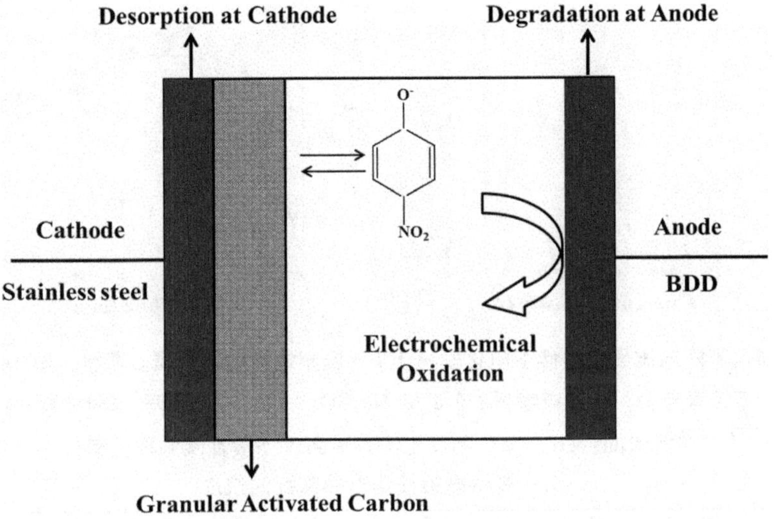

图 5—5 电化学再生原理图

Fig. 5—5 Mechanism for electrochemical regeneration

5.3.3 电化学再生操作条件优化

5.3.3.1 电流强度的影响

根据之前的研究，电斥力作用是对硝基酚从活性炭孔道中脱附下来的主要原因，因此，电流强度的大小对于活性炭的再生率有重要的影响。同样实验条件下，不同电流强度对再生率的影响在图 5—6a 中展示。从图中可以看出，控制电解时间为 1h，当电流强度为 0. 15A 时，再生率仅为 58. 4 %，而当电流强度增长为 0. 6A 时，再生率迅速增长为 74. 6 %，当电流强度进一步加强至 0. 9A 时，再生率增长不再明显。因此 0. 6A 是在该条件下电化学再生较为合适的电流强度。

在不同电流强度条件下支持电解质中对硝基酚的浓度变化如图 5—6b 所示。在电化学再生系统中，对硝基酚的浓度受阴极和阳极的共同影响，随着电流强度增大，阴极电斥力作用增强，更多的对硝基酚易于从活性炭上脱附下来，而同时阳极氧化去除对硝基酚的能力也不断加大，最终溶液中对硝基酚的浓度由阴极脱附作用和阳极氧化作用共同决定。

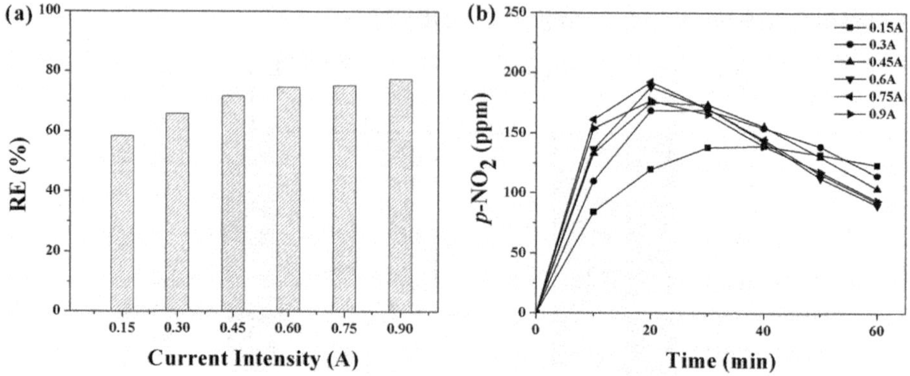

图 5—6　不同电流强度条件下电化学再生 1 g 吸附饱和的活性炭。阳极：BDD 电极；阴极：不锈钢电极；支持电解质：0. 1 M Na_2SO_4；pH =7；流速：150 mL · min^{-1}；电解时间：1h。（a）不同电流强度条件下活性炭的再生率；（b）支持电解质中对硝基酚的浓度

Fig. 5—6　Regeneration of 1 g saturated GAC at cathode under different current intensity. Anode：BDD；cathode：stainless steel；electrolyte：0. 1 M Na_2SO_4；pH value：neutral；flow rate：150 mL · min^{-1}；electrolysis time：1 h.（a）RE of GAC at different current intensity.（b）concentration of *p*-NO_2 in electrolyte.

从图 5—6b 中可以发现，对硝基酚的浓度总体呈先增加后降低的趋势，且在 20 min 左右达到最大值。这主要是由于在电化学再生过程初期，吸附在活性炭上的对硝基酚浓度较高并且在电斥力的作用下比较容易脱附进入支持电解液中，且脱附量远远大于阳极氧化去除量，因此电解液中对硝基酚呈积累增长的趋势。随着电解时间的延长，脱附下来的对硝基酚量也逐渐降低，而在恒流条件下，阳极的氧化能力保持不变，因此阳极氧化去除对硝基酚的速度逐渐高于脱附速度，表现为电解液中对硝基酚的浓度不断降低。对比不同电流强度条件下对硝基酚的浓度可以发现，当电流强度为 0. 6A 时，20min 左右对硝基酚的浓度最高，约为 190 ppm，而当电流强度为 0. 15A 时，20min 左右对硝基酚的浓度仅为 139 ppm，这些结果说明当电流强度在 0. 15A 至 0. 6A 的范围内变化时，阴极电斥力的作用对于电解液中对硝基酚的浓度影响较为显著。而当电流强度增长至 0. 9A 时，20min 左右电解液中对硝基酚的浓度仅为 176 ppm，低于 0. 6A 时的情况，这说明随着电流强度的增长，阴极电斥力对于对硝基酚的脱附作用不再明显，而阳极氧化能力随电流强度的增长大大增强，氧化去除成为影响溶液中对硝基酚浓度的重要因素。

5.3.3.2 电解时间的影响

电化学再生过程中电解时间也是非常重要的影响因素，一定条件下，不同电解时间对于活性炭再生率和溶液中对硝基酚浓度的影响如图 5—7 所示。

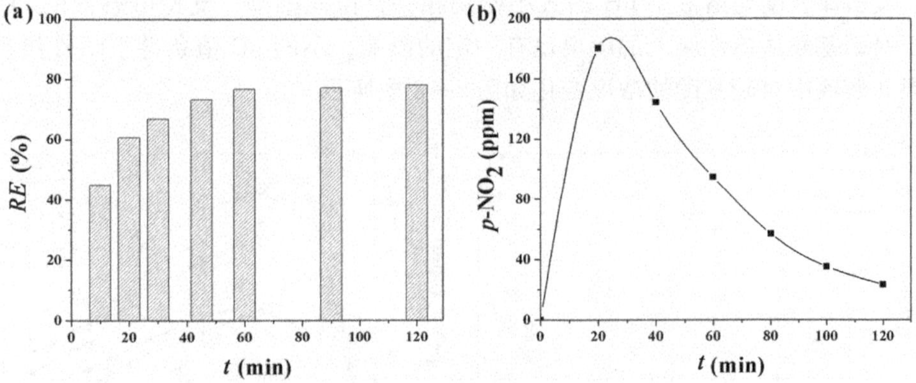

图 5—7 不同电解时间对于电化学再生 1 g 吸附饱和的活性炭的影响

阳极：BDD 电极；阴极：不锈钢电极；

支持电解质：0.1 M Na_2SO_4；pH =7；流速：150 mL · min^{-1}；

电解强度：0.6A。(a) 不同电解时间下活性炭再生率；

(b) 电解 2h 条件下支持电解质中对硝基酚的浓度

Fig. 5—7 Regeneration of 1 g saturated GAC at cathode under different electrolysis time. Anode: BDD; cathode: stainless steel; electrolyte: 0.1 M Na_2SO_4; pH value: neutral; flow rate: 150 mL · min^{-1}; current density: 0.6 A.

(a) RE of GAC at different electrolysis time.

(b) Concentration of *p*-NO_2 in electrolyte under 2 h electrolysis.

不同电解时间对再生率的影响如图图 5—7a 所示，发现再生率随电解时间的延长而不断增长。当电解时间从 10 min 增长至 60 min 时，再生率从 46.9 % 增长至 76.6 %，而当电解时间进一步延长至 120 min 时，再生率变化并不明显。因此，在该实验条件下，电极 60 min 即可达到较为理想的再生率，是较为合适的再生时间。电解液中对硝基酚的浓度随电解时间的变化如图 5—7b 所示，其浓度的总体变化趋势与之前的研究相同，呈现先增加后降低的变化规律，在电解

20 min左右时对硝基酚的浓度达到最大值，之后随时间延长不断降低至 20 ppm 左右，从活性炭上脱附下来的对硝基酚基本可以被完全去除。由此可知在电化学系统中，活性炭的再生和对硝基酚的去除可以同步高效实现。

5.3.3.3 不同 pH 值的影响

根据再生机理分析可知，由于酚类物质具有酸性官能团，在水溶液中可以解离，其解离程度与溶液中 pH 的大小密切相关，由此推知，支持电解液的 pH 值对于对硝基酚从活性炭上的解离也有一定的影响，不同 pH 值条件下活性炭再生效果和溶液中对硝基酚的浓度变化如图 5—8 中所示。

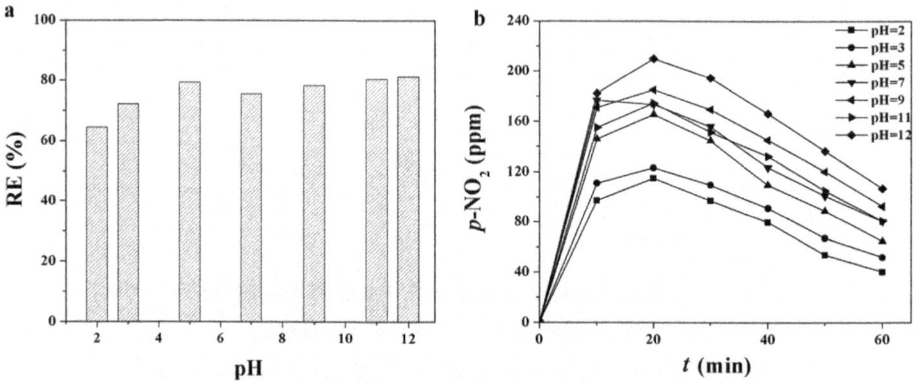

图 5—8 不同 pH 值对电化学再生 1 g 吸附饱和的活性炭的影响

阳极：BDD 电极；阴极：不锈钢电极；支持电解质：0.1 M Na_2SO_4；

流速：150 mL · min^{-1}；电解强度：0.6A；电解时间：1 h。

（a）不同 pH 条件下活性炭再生率；（b）不同 pH 条件下支持电解质中对硝基酚的浓度

Fig. 5—8 Regeneration of 1 g saturated GAC at cathode under different pH value.

Anode：BDD；cathode：stainless steel；electrolyte：0.1 M Na_2SO_4；

flow rate：150 mL · min^{-1}；current density：0.6 A；electrolysis time：1 h.

（a）RE of GAC at different pH value.

（b）Concentration of *p*-NO_2 in electrolyte under different pH value.

从图 5—8a 中可以发现，总体来看，活性炭的再生率随 pH 值的增长而不断增加，当 pH 值从 2 增至 12 时，再生率从 64.3 % 增长至 81.2 %。对硝基酚在活性炭上的吸附一方面受分子上 π-π 共轭键的影响，另一方面受大量氢键的形成和存在的作用。在酸性条件下，对硝基酚的解离度较低，氢键作用较强，较难从活性炭上脱附下来，从而导致活性炭的再生率较低。随着电解液 pH 的升高，对硝基酚的解离度也开始不断增加（$pK_a = 7.08$），pH 值越高，对硝基酚的解离度越大。由于直接与电极阴极相连，活性炭电势较低，表面积聚了大量的负电荷，从而对解离为阴离子的对硝基酚具有较强的电斥力作用，因此在同等实验条件下，再生率随 pH 值的增长不断增大。在所测试的 pH 范围内，再生率与 pH 值基本呈正相关的关系，但实验结果也有例外，如 pH 为 5 时的再生率明显高于 pH 值为 3 和 pH 值为 7 时的值。这个现象与之前的学者（Zhou and Lei，2006）报道的活性炭电化学再生相一致，推测 pH 值为 5 的情况下，对硝基酚的解离受到一定的影响，因此在该 pH 条件下的再生率与其他的条件有所不同。

溶液中对硝基酚的浓度在图 5—8b 中展示，从图中可以看出，在不同 pH 值条件下，对硝基酚浓度的总体变化趋势相类似，均为先增加后降低的趋势，且基本都在 20 min 左右时得到最大值。但不同 pH 值条件下最大值差别极大，当 pH 值为 2 时，溶液中对硝基酚的最大值为 100 ppm 左右，当 pH 值增长至 12 时，对硝基酚浓度的最大值增长至 210 ppm 左右，最大浓度值随 pH 值的增长不断增加，这一现象与活性炭再生率的变化规律相符合，说明电解液的 pH 值是影响电化学再生效率的非常关键的因素。

5.3.3.4 不同支持电解质浓度的影响

在电化学再生系统中，支持电解质浓度对再生过程的影响作用如图 5—9 所示，在图 5—9a 中，当支持电解质浓度从 0.03 M 增长至 0.1 M 时，再生率有缓慢的上升，当支持电解质浓度进一步增长至 0.2 M 时，再生率变化不大。从实验现象来看，支持电解质浓度对再生率的影响并不明显，但在电解再生过程中发现，其浓度对系统电压影响非常大，由于反应是在恒流条件下进行的，因此电压的大小会直接影响反应过程的能量消耗，电压越低能耗越小。从图 5—8a 中可看到当支持电解质浓度从 0.03 M 增长至 0.1 M 时，虽然再生率增长缓慢，但能量消耗下降极为显著，当电解质浓度增长至 0.2 M 时，能耗较 0.1 M 条件时下降不甚明显，综合以上实验结果，0.1 M 是较为合适的支持电解质浓度。

支持电解质中对硝基酚在电化学再生过程中的浓度变化如图 5—9b 所示，当支持电解质浓度从 0.03 M 增长至 0.2 M 时，对硝基酚的浓度变化趋势基本完全相同，这一结果同活性炭再生率的实验结果相吻合，进一步印证支持电解质浓度对于对硝基酚从活性炭表面的脱附没有太大的影响，然而从之前的分析可知，在电化学再生系统中，不仅吸附材料在阴极可以再生，脱附下来的有机物在阳极表面可以被氧化去除掉，而支持电解质浓度对于系统电压的显著影响也会间接影响污染物去除时的能量消耗，因此控制支持电解质浓度在适当的范围内对于活性炭的再生和有机物的氧化都是必要的。

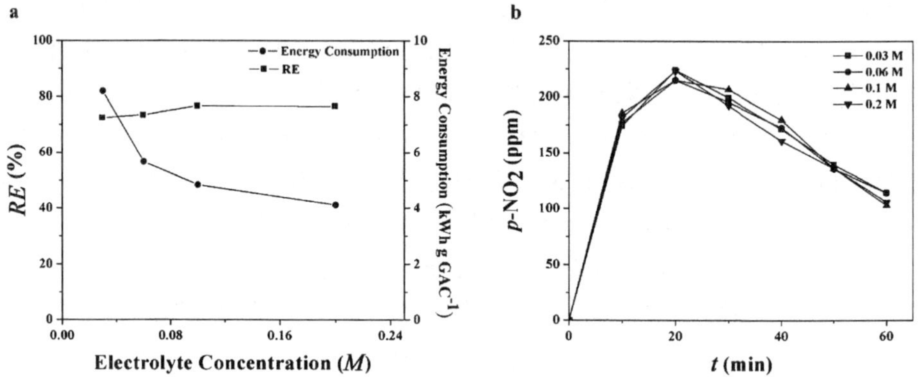

图 5—9　不同支持电解质浓度对电化学再生 1 g 吸附饱和的活性炭的影响
阳极：BDD 电极；阴极：不锈钢电极；pH =7；流速：150 mL · min^{-1}；
电解强度：0. 6A；电解时间：1 h。（a）不同支持电解质浓度对活性炭再生率和单位活性炭再生能量消耗的影响；（b）不同支持电解质浓度对电解液中对硝基酚的浓度的影响

Fig. 5—9　Regeneration of 1 g saturated GAC at cathode under different concentration of electrolyte. Anode：BDD；cathode：stainless steel；pH value：neutral；flow rate：150 mL · min^{-1}；current density：0. 6 A；electrolysis time：1 h.（a）RE and regeneration energy consumption of GAC under different electrolyte concentration.（b）Concentration of p-NO_2 in electrolyte.

5. 3. 3. 5　不同流速的影响

在电解过程中，电解液的流速会显著影响传质过程从而影响污染物在阳极表面的去除，同样在电化学再生过程中，流速对活性炭再生和对硝基酚去除的影响也被研究，实验结果如图 5—10 所示。图 5—10a 代表四种不同流速下活性炭再生率的影响，从图中可以看出，四种流速条件下，活性炭的再生率基本相类似，说明流速的变化对于对硝基酚从活性炭上脱附并没有太大的影响。图 5—10b 代表了四种流速条件下电解液中对硝基酚浓度随时间变化的规律，从图中可以看出，受阴极电斥力脱附和阳极电化学氧化的共同影响，对硝基酚浓度的变化趋势均为先增后减，当流速在 100—200 mL · min^{-1}范围内变化时，对硝基酚浓度在 20min 左右达到最大值，且最大值与流速成反比，这主要是因为流速越大，传质作用越快，则阳极氧化速度越快，在相同的阴极脱附条件下，最大值越低。而在流速为 50 mL · min^{-1}条件下，对硝基酚在 30min 左右达到最大值，且最大值为四种条件下的最低，这可能是由于该流速条件过缓，使阳极氧化速度较慢，阴极脱附与阳极氧化竞争的极值点迁移所造成的。由于流速与设备运行能耗相关，因此综合考虑，150 mL · min^{-1}是较为合适的实验条件。

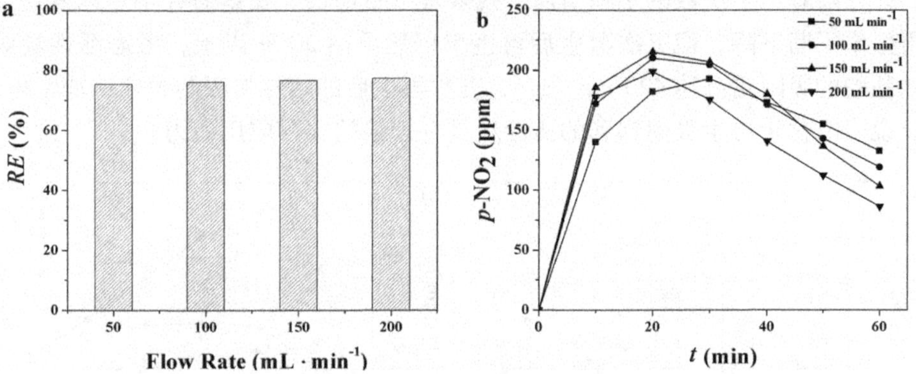

图 5—10　不同支持电解质流速对电化学再生 1 g 吸附饱和的活性炭的影响
阳极：BDD 电极；阴极：不锈钢电极；pH = 7；支持电解质浓度：0.1 M Na_2SO_4；电解强度：0.6A；电解时间：1 h。（a）不同支持电解质流速对活性炭再生率和单位活性炭再生能量消耗的影响；（b）不同支持电解质流速对电解液中对硝基酚的浓度的影响

Fig. 5—10　Regeneration of 1 g saturated GAC at cathode under different flow rate. Anode: BDD; cathode: stainless steel; pH value: neutral; electrolyte concentration: 0.1 M Na_2SO_4; current density: 0.6 A; electrolysis time: 1 h.
(a) RE of GAC under different electrolyte flow rate.
(b) Concentration of p-NO_2 in electrolyte under different flow rate.

5.3.3.6　活性炭五次再生实验结果研究

吸附材料的再生次数对于材料在实际应用有着重要的意义，但是由于每次再生过程中再生率不可能达到 100 %，在吸附材料的孔径中会有一定污染物的残存，或受再生方法的影响导致吸附材料的结构受到破损，使材料的再生率随再生次数的增加而不断降低。同时，再生过程往往对材料有一定的冲击作用，因此对材料的机械强度也有一定的要求。综合这两个方面的因素，材料的再生次数往往是有限的，因此对于材料再生次数的研究是非常必要的。在本研究中，如图 5—11 所示对吸附饱和对硝基酚的活性炭反复再生五次，研究其再生率的变化。从图中可以看出，五次再生过程中，活性炭的再生率逐次下降，初次再生率最高为 76. 7 %，五次再生后再生率为 54. 9 %。这主要是由于在吸附饱和—电化学再生的过程中，污染物很难完全从活性炭的孔道上脱附下来，一定会有一定量的残留，并且随着再生次数的不断增加，残余量不断增长。在本研究中可以发现，虽然再生率不断下降，但五次再生后再生率仍然可达 50 % 以上，考虑活性炭对于对硝基酚的吸附量高达 420 mg · g^{-1}，五次再生后的活性炭吸附量依旧非常可观，由此说明电化学再生吸附饱和的活性炭具有较强的实际应用潜力。

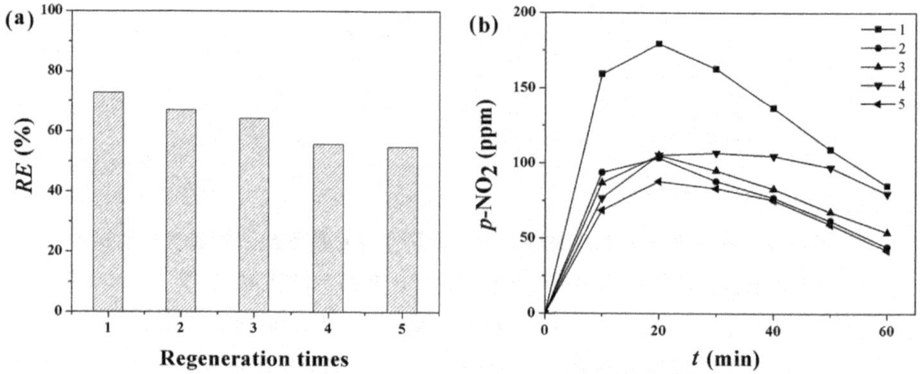

图 5—11　电化学法五次再生 1 g 吸附饱和的活性炭

阳极：BDD 电极；阴极：不锈钢电极；pH =7；支持电解质浓度：0. 1 M Na_2SO_4；流速：150 mL · min^{-1}；电解强度：0. 6 A；电解时间：1 h。(a) 电化学法五次再生吸附饱和的活性炭对再生率的影响；(b) 支持电解质中对硝基酚的浓度的变化

Fig. 5—11　5 times regeneration of 1 g saturated GAC at cathode.
Anode: BDD; cathode: stainless steel; pH value: neutral; electrolyte concentration: 0. 1 M Na_2SO_4; flow rate: 150 mL · min^{-1}; current density: 0. 6 A; electrolysis time: 1 h. (a) RE of GAC under 5 times regeneration processes. (b) Concentration of *p*-NO_2 in electrolyte.

在以上过程中，对电解液内对硝基酚的浓度也进行了实时监测，从图 5—11b 中可以看出对硝基酚浓度的总体变化趋势为先增后减，且均在 20 min 左右达到最大值。但最大值的大小随再生次数的增加而不断降低。这主要是由于随着再生次数的增加，活性炭孔径中残余的污染物的量不断增加，使活性炭的吸附能力不断降低，在受到阴极电斥力作用时，被脱附下来释放至电解液中的对硝基酚的量在不断减少。综合五次再生过程中活性炭的再生率以及电解液中对硝基酚的浓度可见，两者变化规律基本一致。

5.3.3.7　活性炭表面形貌分析

许多再生方法往往会对活性炭表面形貌产生影响，为了研究电化学再生前后颗粒活性炭表面孔道结构的变化，利用扫描电子显微镜对其进行了分析，分析结果如图 5—12 所示。图 5—12a 为未使用的活性炭放大 1000 倍的表面形貌图，可以看到活性炭表面孔径发达，是其吸附能力优良的证据。图 5—12b 为在阴极再生 4 h 后的活性炭的表面形貌，可见活性炭表面的孔道结构并未有重大改变，表明电化学再生法对于活性炭表面物理形貌的影响不大。仔细对比两图可以发现再生后的活性炭表面的孔道结构更为发达，这可能是由于阴极再生时，活性炭表面生成的大量 H_2O_2 和 O_3 等物质使表面孔径得以扩充。虽然孔道得以拓展，但由于污染物在活性炭表面的残余以及活性炭表面官能团的变化，使其吸附量依旧有所下降，不会达到与未使用时完全一样的水平。

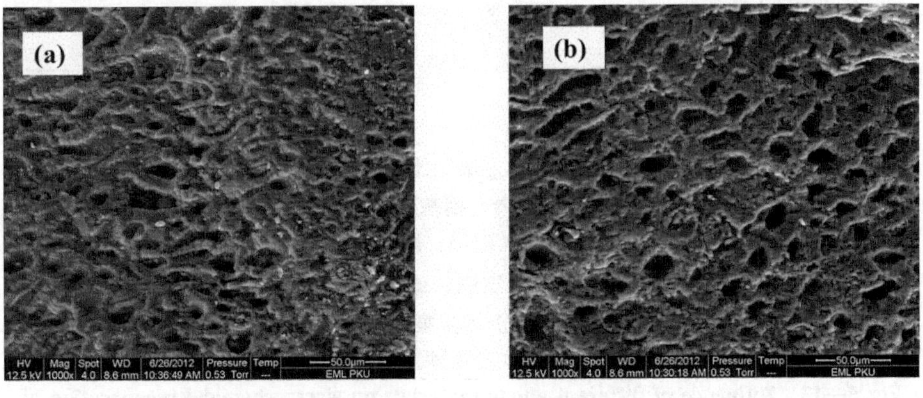

图 5—12　利用扫描电镜对未使用的活性炭和再生后的活性炭表面进行分析，放大倍数为 1000
（a）未经使用的活性炭材料表面；（b）阴极再生 4h 活性炭表面

Fig. 5—12　Surface morphology analyzation of GAC by SEM with magnification of 1000 times. （a）surface morphology of unused GAC; （b）surface morphology of cathodic regenerated GAC for 4h.

5.3.4 阳极材料对再生率的影响

对于电化学法再生吸附饱和的活性炭过程中，阴极电斥力作用对于对硝基酚从活性炭孔径中的脱附起主要作用，但是在电化学过程中，阳极氧化也是非常重要的影响因素，而阳极材料对于阳极氧化过程至关重要，因此在本研究中，对比了4种不同的电极材料作为阳极对于活性炭的再生以及支持电解液中对硝基酚浓度变化的影响（如图5—13所示）。电解处理含有200 mg L^{-1}对硝基酚的电解液时可以发现，同样条件下，不同电极材料作为阳极电解1小时后溶液中残余的对硝基酚的量有所不同，说明阳极材料对于存在于溶液当中的对硝基酚的去除具有较大的影响。四种电极材料中，PbO_2电极对于对硝基酚的去除速度最快，电解1小时后，对硝基酚的残余量为46 %左右；BDD电极上对硝基酚的去除率也较快，

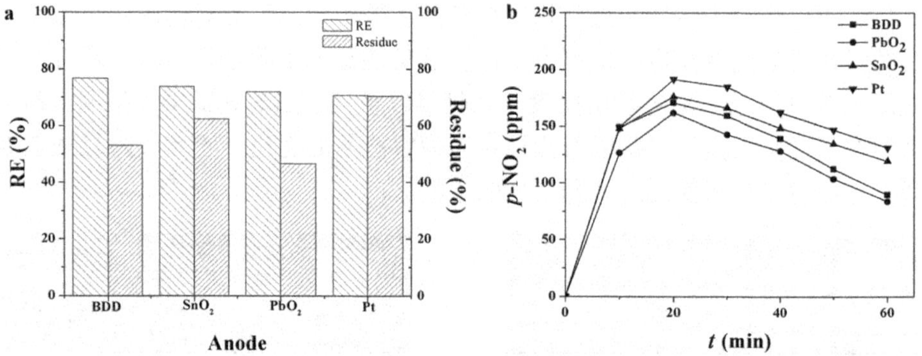

图5—13 不同电极材料作为阳极对1 g吸附饱和的活性炭再生的影响以及电解含有200 mg · L^{-1}对硝基酚1h后溶液中剩余对硝基酚的量。实验条件：阳极：BDD电极，SnO_2电极，PbO_2电极和Pt电极；阴极：不锈钢电极；pH =7；支持电解质浓度：0.1 M Na_2SO_4；流速：150 mL · min^{-1}；电解强度：0.6 A；电解时间：1 h。（a）电化学法5次再生吸附饱和的活性炭对再生率的影响；（b）电化学再生过程中支持电解质中对硝基酚浓度的变化

Fig. 5—13 Influence of different anode materials on electrochemical regeneration of 1 g saturated GAC at cathode and on residue of electrochemical oxidation of *p*-NO_2 with concentration of 200 mg · L^{-1}. Anode: BDD, SnO_2, PbO_2 and Pt; cathode: stainless steel; pH value: neutral; electrolyte concentration: 0.1 M Na_2SO_4; flow rate: 150 mL · min^{-1}; current density: 0.6 A; electrolysis time: 1 h. (a) RE of GAC and residue of *p*-NO_2 using different anode materials; (b) Concentration of *p*-NO_2 in electrolyte during electrochemical regeneration process.

残余量为50%左右；其次为 SnO_2 电极，残余量为60%；对硝基酚去除速度最慢的为 Pt 电极，电解 1 小时后，对硝基酚的残余量为70%左右。

不同电极材料作为阳极时对于活性炭再生的影响也进行了研究，图 5—13a 中展示了再生过程中支持电解液内对硝基酚浓度随电解时间变化的情况。从图中可知，对硝基酚的浓度依旧呈现先增后降的趋势，且均在 20 min 左右达到最大值，但是以不同电极材料作为阳极时得到的最大值有所不同。以 PbO_2 作为阳极时最大值最低，其次为 BDD 电极，再次为 SnO_2 电极，以 Pt 电极作为阳极时最大值最高。这一变化顺序与之前研究的不同电极对电解液中对硝基酚的去除速度相一致。

不同电极材料作为阳极对于活性炭再生的影响如图 5—13b 中所示，虽然 PbO_2 电极对于电解液中对硝基酚的去除速度最快，但其活性炭的再生率却低于 BDD 为阳极时的再生率，Pt 电极作为阳极时活性炭的再生率最低。对于活性炭再生而言，阴极电斥力是对硝基酚从活性炭上脱附下来的主要作用力，但阳极材料对于活性炭的再生也有重要作用。一方面它会影响电解液中对硝基酚的去除速率，另一方面不同阳极材料表面对硝基酚降解形成不同的中间产物，中间产物的吸附性能对再生率有重要影响。对硝基酚在活性电极和非活性电极材料表面降解生成的中间产物如图 5—14 所示。

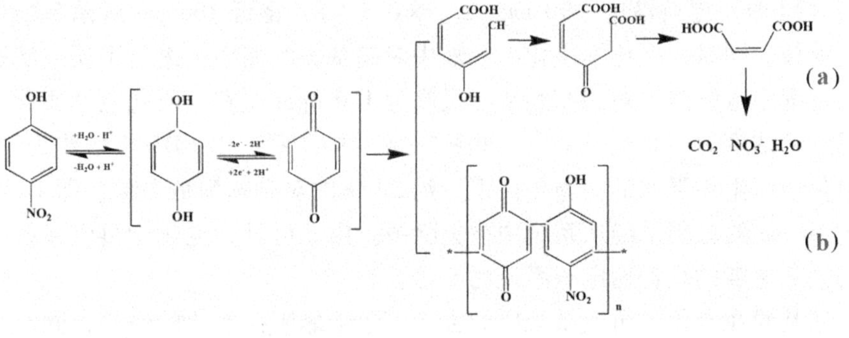

图 5—14　对硝基酚在非活性电极（a）和活性电极（b）表面降解途径

Fig. 5—14　Degradation pathway of *p*-NO_2 at non-active anodes (a) and active anodes (b).

根据以往的研究报道（Jiang et al.，2010；Zhu et al.，2007），在诸多电极中，BDD 电极作为一种典型的非活性电极主要依靠电极表面生成的羟基自由基作为主要的氧化剂，且由于 BDD 电极光滑的表面使生成的羟基自由基多以自由态存在，矿化能力极强，对硝基酚在电极表面氧化后多发生开环反应，进一步生成易溶于水的小分子酸之类；而 Pt 电极作为一种典型的活性电极，多依靠水在电极表面反应生成的高价氧化物作为氧化剂，矿化能力较弱，对硝基酚在电极表面容易发生聚合反应生成大分子聚合物（Li et al.，2005）。这些大分子聚合物往往具有极强的吸附能力，一旦生成极易再度吸附到活性炭上，堵塞活性炭的孔径，从而导致再生率的下降。综合研究结果可知，阳极材料对于电解液中对硝基酚的去除有直接的影响，同时电解过程中生成的中间产物对于活性炭的再生有间接影响。

5.3.5 污染物去除速率对比

在电化学再生系统中，污染物从固定在阴极的吸附材料上脱附下来，同时在阳极上被氧化去除掉。在反应过程中发现，在电化学再生系统内污染物的去除速率远远高于普通电化学法处理水中污染物的速率。根据实验测试可知，1 g 吸附饱和的活性炭上吸附的对硝基酚的量可达 420 mg 左右，经过 1h 处理后，再生率可达 80 %，即约有 80 % 的对硝基酚从活性炭上脱附了下来，同时电解液中对硝基酚的剩余浓度在 90 ppm 左右，由此可知，经过 1 小时的电化学再生处理1 g吸附饱和的活性炭，只有 130 mg 左右的对硝基酚剩余在系统当中（活性炭吸附：420 mg ×20 %；电解液中：90 $mg \cdot L^{-1}$ ×0.5 L），将近 300 mg 对硝基酚在系统中被去除掉。同时，电化学氧化电解液中对硝基酚的速率也进行了研究测试，由于再生过程中电解液内对硝基酚浓度最高为 190 ppm 左右，因此电解实验中选取对硝基酚的浓度为 200 $mg \cdot L^{-1}$。如图 5—13a 中所示，以 BDD 电极作为阳极时，在与电化学再生相类似的实验条件下，约 50 % 的对硝基酚被去除，即 1h 电解处理后约 50 mg 的对硝基酚从系统中被去除掉。由此可见，电化学再生系统中对硝基酚的去除速度约是普通电解系统的 6 倍。

对硝基酚在电化学再生系统中的去除不仅依靠阳极氧化的作用，同时有研究报道，在偏碱性的条件下，阴极上尤其是以不锈钢或玻璃碳材料作为阴极时，有大量的 H_2O_2 生成，同时这些生成的 H_2O_2 可以在活性炭颗粒的表面进一步被催化分解为具有强氧化能力的羟基自由基，从而加速了对硝基酚的去除速度。与此同时，在不锈钢阴极和活性炭颗粒的表面还会生成其他氧化离子如 $H_2O \cdot$ 和$O_2 \cdot$ 等，且它们的生成受 pH 的影响较小，这些氧化离子的生成对电化学系统中污染物的生成起到了极强的促进作用（Zhu et al.，2011；Zhu et al.，2009）。

综合上述实验结果可知，电化学再生系统不仅可以对吸附饱和的材料进行再生，同时活性炭颗粒填充进入电化学系统中后形成了类三维电极的结构，在其表面生成大量氧化剂，相当于极大地拓展了阳极的氧化面积，从而加快了污染物在系统中的去除速率。

5.3.6　指数衰减供电模式下再生能耗对比

在第四章的研究中指出，在电化学氧化过程中，污染物的降解受传质过程控制使浓度呈指数形式不断衰减，若将供电模式由原来的直流模式改变为与物质浓度衰减规律相一致的指数衰减模式，物质的降解速率不会受到影响而能量消耗可以大大降低。通过图5—6中电解时间对再生率的影响研究发现，再生率随电解时间的延长呈反向拟指数形式增长，再生率的提高可以理解为污染物从活性炭颗粒上脱附量的增加，即污染物在活性炭颗粒表面的剩余量呈指数形式不断降低（图5—15）。由此考虑将指数衰减的供电模式应用到电化学再生系统中，对照直流模式进行吸附饱和活性炭再生效果和能量消耗的研究。

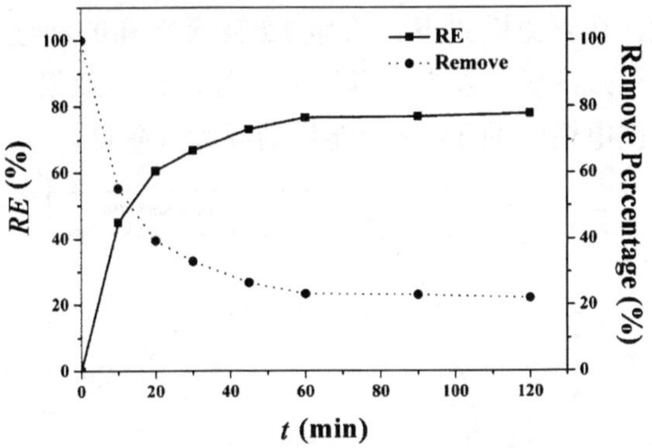

图5—15　不同电解时间对电化学再生1 g吸附饱和的活性炭的影响

阳极：BDD电极；阴极：不锈钢电极；支持电解质：0.1 M Na_2SO_4；

pH =7；流速：150 mL · min^{-1}；电流强度：0.6 A

Fig. 5—15　Regeneration of 1 g saturated GAC at cathode under different electrolysis time. Anode：BDD；cathode：stainless steel；electrolyte：0.1 M Na_2SO_4；pH value：neutral；flow rate：150 mL · min^{-1}；current density：0.6 A.

在对比两种供电模式的再生效果时，恒流供电模式与以往实验条件相同，电流强度为0.6 A，电解液采用0.1 M Na_2SO_4，pH =7，流速为150 mL · min^{-1}，再生时间设置为1h。在指数衰减供电模式中最重要的两个参数为初始电流强度 i 和指数衰减速率常数 k，初始电流强度 I 设置为0.6 A，指数衰减速率常数 k 参照图5—14 中的衰减规律，设置为 6×10^{-4}，当电流密度衰减至5 mA · cm^{-2}时保持不变，以确保反应在以羟基自由基为主要氧化剂的间接反应范围内进行。

表5—1 不同供电模式下再生率和能耗比较

Table 5—1 Comparison of RE and energy consumption

供电模式	再生率（%）	能量消耗（kWh · g^{-1}）
直流条件	76	4.94
指数衰减	72	1.72

对两种供电模式下活性炭的再生率和能量消耗进行了比较，实验结果如表5—1 中所示。对比实验结果可知，两种模式下活性炭的再生率基本相类似，而能量消耗差别巨大，在直流模式下，再生1g 吸附饱和的活性炭能量消耗是同条件下指数衰减供电模式的3 倍左右，即达到同样的再生效果，指数衰减模式所需能量仅为传统直流供电模式的33 %，能量消耗大大降低。

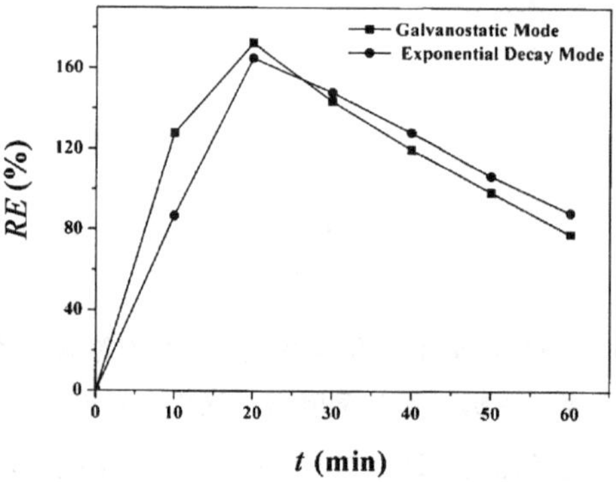

图5—16 不同供电模式下，电化学再生1g 吸附饱和活性炭颗粒时电解液中对硝基酚浓度变化
阳极：BDD 电极；阴极：不锈钢电极；支持电解质：0.1 M Na_2SO_4；
pH =7；流速：150 mL · min^{-1}；电解时间：1 h

Fig. 5—16 Concentration of *p*-NO_2 in electrolyte when regeneration of 1 g saturated GAC at cathode under different current mode. Anode: BDD; cathode: stainless steel; electrolyte: 0.1 M Na_2SO_4; pH value: neutral; flow rate: 150 mL · min^{-1}; electrolysis time: 1 h.

电化学再生过程中对电解液中对硝基酚的浓度实时监控，两种不同的供电模式下对硝基酚浓度变化如图 5—16 所示。从图中可以看出，在两种不同的供电模式下，再生过程中电解液内对硝基酚的浓度变化基本相同。

对于活性炭的能量消耗只是预实验，研究时为便于比较统一选取 1g 吸附饱和的活性炭进行再生，能量消耗可以进行进一步的优化，根据电极面积和设备空间选取合适的活性炭再生量，有助于进一步降低能耗。

5.4　本章小结

本章对电化学法再生吸附饱和对硝基酚的活性炭进行了研究，与阴极相连的积聚了大量负电荷的活性炭颗粒同解离后带负电的对硝基酚离子之间的排斥作用力是对硝基酚从活性炭表面脱附的主要机理。对于电化学再生过程中不同实验条件如电流强度，电解时间，支持电解质的浓度，流速，pH 值和不同阳极材料等均进行了系统的研究，确定了电化学再生吸附饱和活性炭的最佳实验条件。同时，对活性炭再生次数进行了研究，发现吸附饱和—再生循环五次后，活性炭的再生率仍可达 50% 以上，表明电化学再生吸附饱和的活性炭具有极强的实用性。此外，通过衡算对硝基酚的去除速率发现，在电化学再生系统中对硝基酚的去除速率是普通电化学氧化系统的六倍，这主要是由于在阴极的活性炭颗粒表面有 H_2O_2 等强氧化性物质的生成，从而对于对硝基酚的去除起到了一定的促进作用。最后借鉴以往有机物电化学氧化的研究，将指数衰减的供电模式应用到电化学再生系统中，发现同传统的直流再生条件相比，再生率并未受到太大的影响，而能量消耗却可以降为原来的 1/3。

电化学氧化法在去除生物难降解的有机污染物方面非常有效，但受到反应器容积等条件的影响，使处理水量有限，若能改变思路，将传统的直接电化学氧化去除水中的污染物改变为先将有机物吸附在材料的表面，再用电化学方法对吸附材料进行处理，不仅可以实现材料的再生，而且可以实现有机物的同步去除，且去除速率相较于以往直接处理废水的方式大大提升，从而可以有效解决电化学法处理容积受限的问题，使得电化学法在实际水处理中应用的可行性进一步提高。

第六章　高效 PbO_2 电极的制备改性

6.1　引　言

随着我国工业化程度的不断提高，工业废水大量增加。废水中污染物的种类也日趋复杂，许多工业过程如印染和纺织、制浆和造纸、炼油和焦化、医药、塑料、清洁剂、农药和杀虫剂等生产过程中都会排放出各种含有难降解有机污染物的废水，这些物质毒性大，具有较强的致癌、致畸和致突变的特性，传统的生物处理方法很难将其有效处理。因此，开发能高效处理生物难降解废水的高级氧化技术成为当前环境领域关注的热点问题。

在诸多水处理技术中高级氧化法收到了广泛的关注，高级氧化技术（Advanced Oxidation Processes，AOPs）是利用各种不同的化学反应，产生强氧化性的自由基团如羟基自由基（·OH）等，再利用这些自由基团与有机化合物作用，将水体中的大分子物质破坏，最终使之氧化降解成为低毒或无毒的小分子物质，直至矿化成为 CO_2 和 H_2O 的技术。高级氧化技术的种类主要包括湿式空气氧化法、超临界水氧化法、化学试剂氧化法、超声化学氧化法、光化学氧化法和电化学氧化法等。

在诸多高级氧化法中，电催化氧化因具操作条件温和，设备简单，无二次污染等优势受到广泛的关注。电极材料是电化学氧化法的关键，在诸多种类的电极材料中，PbO_2 电极因具有电催化活性强、氧化能力强、性能稳定和价格低廉等优点而被广泛关注和应用。然而，在实际应用中，PbO_2 电极在使用过程中也暴露出镀层附着力差、易脱落，寿命短，催化活性受限等一系列的问题，如何有效解决这些问题，成为日后 PbO_2 电极大规模应用的瓶颈和关键。

6.2　实验方法

6.2.1　实验装置

实验采用双电极系统，阳极待腐蚀 Ti 板，尺寸为 20 mm ×20 mm×1.5 mm，阴极利用 Pt 电极作为对电极。实验装置图如图 6.1 所示。

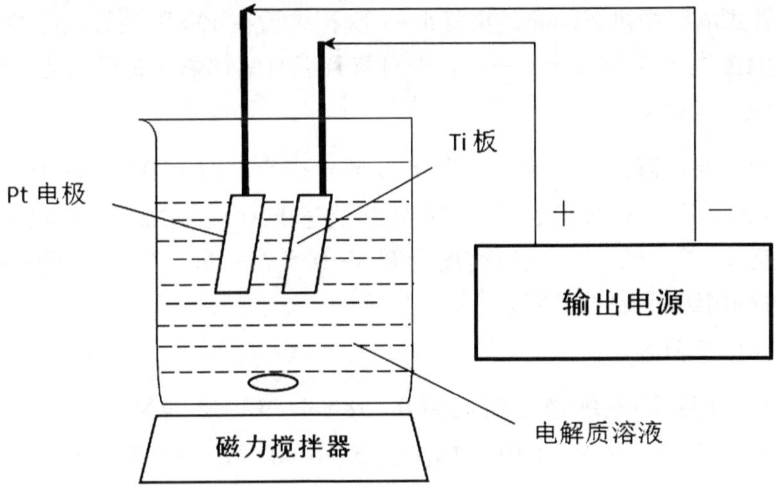

图 6.1　实验装置示意图

Fig. 6.1　Diagrammatic scheme of electrochemical oxidation system

6.2.2　实验方法

制备蜂窝状基底材料

Ti 板的尺寸为：20 mm×20 mm×1.5 mm。前期处理工艺为：砂纸打磨，Ti 板分别用 200、320、600 号砂纸打磨以去掉其表面的氧化膜；超声清洗，先将 Ti 置于超纯水中清洗半小时，之后放入丙酮溶液中进行清洗半小时，最后再用超纯水超声清洗 15min，取出后用吹风机吹干。进一步用质量分数 18 % 的盐酸在 85 ℃下煮 10min，超声清洗后烘干备用。

在双电极电解体系中以预处理的 Ti 板作为阳极，以 Pt 电极作为阴极，保持两极间距为1.5 cm。以质量分数0.8 %的NaF，质量分数1.6 %的Na_2SO_4，质量分数10 %的聚乙二醇作为电解液，以DH1765-1型程控直流稳压稳流电源提供电能，进行腐蚀反应。制备得到的样品用超纯水清洗后，在氧气氛下，以1 ℃/min的加热和冷却速率[20]，在500 ℃的马弗炉中退火结晶1.5h。

Sb－SnO_2 中间层制备

采用覆涂法将含有32g $SbCl_3$、150g $SnCl_4 \cdot 5H_2O$、50 mL浓盐酸和300 mL $n-C_4H_9OH$的溶液用刷子均匀涂刷到制备好的Ti基底表面；在100—150 ℃的管式电路中烘20 min，重复5—7次；之后在500 ℃的管式电炉中热分解2h，重复涂覆烘干并高温分解一次，即可得到镀有锡锑氧化物底层的电极[3]。

α－PbO_2 层制备

α－PbO_2层：碱性电镀液组成为0.11 mol·L^{-1}PbO和0.35 mol·L^{-1}NaOH，槽电压1—2V，将上述步骤处理制得的电极之于PbO溶于NaOH溶液的饱和溶液中，在温度50 ℃—60 ℃、电流密度为0.3—0.5 A·dm^{-2}的条件下电镀30—60 min，此过程用纯铅板作为阴极。

β－PbO_2 层制备

β－PbO_2层：硝酸镀液的组成为0.598mol·L^{-1} $Pb(NO_3)_2$、0.5mol·L^{-1} HNO_3、0.02mol·L^{-1}NaF、0.01M La_2O_3、5～6 mL·L^{-1} PTFE。控制电流密度为60 mA·cm^{-2}，温度为40 ℃，开启磁力搅拌器，控制电镀时间为1 h，镀层厚度约为0.05 mm。

6.2.3 表征实验

采用Quanta200型场发射环境扫描电镜观察电极镀层表面形貌，了解电极涂层表面颗粒的分布情况。用D/max-γA型X线衍射仪对电极表面镀层进行X线衍射（XRD）分析。利用对硝基苯酚（PNP）作为模式化合物，研究制备的电极对于污染物的降解情况，PNP浓度为1 mM，含有0.2 M的Na_2SO_4作为电解液。电流密度控制在20 mA·cm^{-2}，电解时间5 h，间隔1 h取样一次。利用高效液相色谱（HPLC）对PNP浓度进行分析，采用ZORBAX SB-C18型号的色谱柱，甲醇和水的比例为6：4，流速为1 mL·min^{-1}。电极寿命采用高电流密度加速寿命测试方法进行测定，分别以制备的PbO_2电极为阳极，等面积的Ti板为阴极，电极间距保持1.5 cm。电解初期槽电压维持在3—8 V，一段时间后槽电压急剧上升到 10 V 以上电流急剧减小，表明此电极已失效。槽电压上升前电极所经历的时间为其加速使用寿命。再利用公式计算出相应的使用寿命。

6.3　结果与讨论

6.3.1　基底制备最佳条件探索

1. 最佳温度条件探索

控制电压为 20 V，电解时间为 3 h 恒定不变，对四组经过相同处理过的 Ti 板进行不同温度下阳极氧化，如图 6.2 所示，a、b、c、d 分别表示 Ti 板在温度为 20 ℃（室温）、50 ℃、80 ℃、90 ℃下进行阳极氧化之后的表面形貌情况。

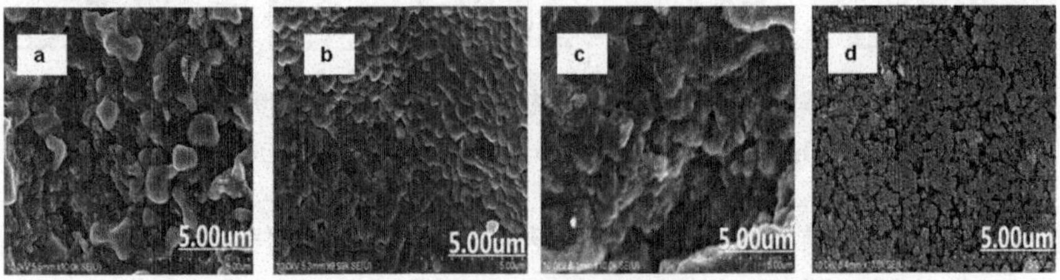

图 6—2　不同温度下电极的表面形貌（×10000）

Fig. 6—2　SEM Photographs of the surface of electrode under different temperatures

图 6—2a 中可见，20 ℃下电解一段时间，Ti 板表面由光滑变粗糙，并呈现颗粒状。50 ℃下电解样品 b 与 a 相比可见颗粒粒径变小，相互之间联结间隙变小，材料表面更显致密，由此可见材料的比表面积相较于 a 有所下降。80 ℃下电解样品图 6—2c 所示 Ti 板表面颗粒呈糊状，相较于之前两个样品，粒径变小且分布均匀性降低；90 ℃下电解样品图 6—2d 显示 Ti 板表面颗粒过细，且排列致密，不利于材料比表面积的增加和后期涂层的沉积。由图 6—2 四种电解温度下样品的表面形态对比可知，随着温度升高，Ti 板表面颗粒细碎，联结紧密，且表面的结构越发疏松。综合电极形貌和实验条件控制等因素，选取 20 ℃为最佳实验温度。

2. 最佳电压条件探索

控制温度为室温，电解时间为 3 h 恒定不变，对四组经过相同处理的 Ti 板进行不同电压下阳极氧化，如图 6—3 所示，a、b、c、d 分别表示 Ti 板在电压为 10 V、20 V、30 V、35 V 下进行阳极氧化之后的表面形貌情况。

从图 6—3a 可知，在 10V 条件下电解，Ti 板表面颗粒细小，排列致密，电腐蚀的现象并不明显。图 6—3b 显示在 20V 条件下电解时，Ti 板表面平滑度降低，相较于 10 V 条件，颗粒粒径增大，粗糙度增加。图 6—3c 所示在 30 V 条件下电解后，Ti 板表面出现纵深三维空洞，比表面积显著提升。图 6—3d 在 35 V 电压条件下反应，可见 Ti 板表面呈片状剥落，微观腐蚀效果差，不利于后续沉积。

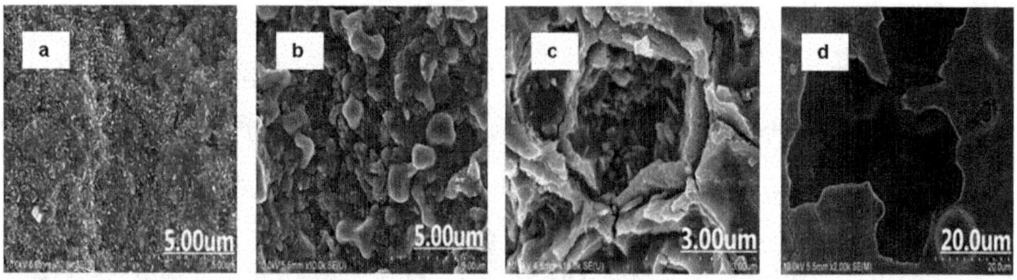

图 6—3　不同电压下电极的表面形貌（×10000）

Fig. 6—3　SEM Photographs of the surface of electrode under different voltage

通过综合对比扫描电极形貌图，发现在 30V 条件下得到的腐蚀形貌比表面积大，更利于催化层的附着，因此本研究选取 30 V 电解电压作为最优电解条件。

3. 最佳电解时间条件探索

控制温度为室温，电压为 30 V 恒定不变，对三组经过相同处理过的 Ti 板进行不同电压下阳极氧化，如图 6—4 所示，a 与 a’、b 与 b’、c 与 c’ 分别表示 Ti 板在 a 电解时间为 3 h、4 h、5 h 下进行阳极氧化之后的表面形貌情况。

从图 6—4a 与图 6—4a’ 中可以观察到 Ti 板表面被腐蚀的孔洞明显，单位面积上孔洞数量稀疏，排列不够紧密。图 6—4b 与图 6—4b’ 中 Ti 板表面孔洞密集度大增，蜂窝状结构明显，单个孔洞形状完好，具有一定深度，相邻孔洞之间无干扰。图 6—4c 与图 6—4c’ 中表面空洞数量进一步增加，部分甚至连为一体，以致表面发生了片状脱落。

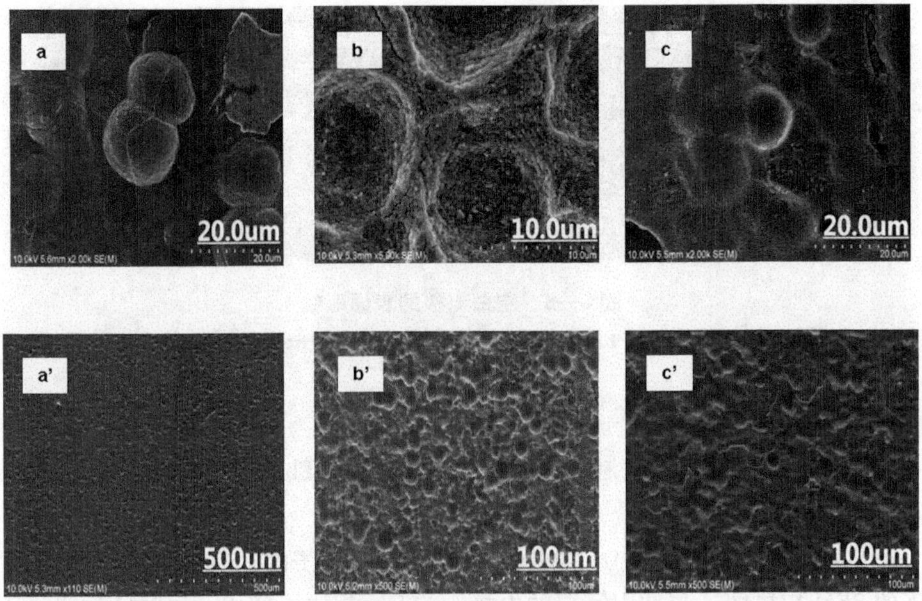

图 6—4　不同电解时间下电极的表面形貌（×10000）

Fig. 6—4　SEM Photographs of the surface of electrode under different electrolysis time

综合对比不同电解时间下的材料形貌，可知时间过短，腐蚀程度弱，单位面积内孔洞数量较少；时间过长，Ti 板表面孔洞数量大，连为一体导致电极表面脱落。综合比较，确定 4 h 电解时间最为合适。

6.3.2　表面涂层性能改进

在制备好的蜂窝状 Ti 板基底上沉积 PbO_2 层，并考虑氟、镧元素的掺杂以及 SnO_2-Sb 中间层的加入对于电极形貌和催化性能的影响。

1. 空白对照组

图 6—5a 和图 6—5b 分别表明经过预处理但尚未进行电化学腐蚀的 Ti 板在不同尺度下的表面形貌，可见未经腐蚀的 Ti 板表面洁净光滑，有轻微砂纸摩擦的痕迹，无其他沉积物杂质。

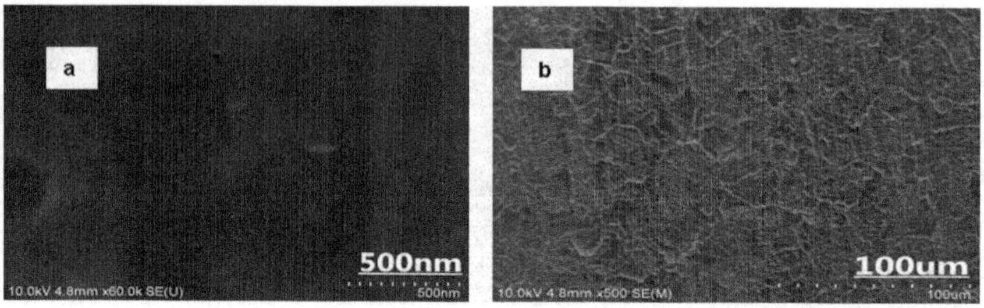

图 6—5 空白电极的表面形貌

Fig 6—5 SEM Photographs of the surface of the blank electrode

2. 掺杂改性电极

采用覆涂法和电沉积法制备 SnO_2-Sb 中间层和 PbO_2 催化层，不同掺杂结果如图 6—6 所示。

图 6—6a 与图 6—6a’中是掺杂了镧元素和氟离子的 PbO_2 电极在电镜扫描下呈现的 SEM 扫描图，与加中间层的电极 b 与 b’相比，使用一段时间后电极表面有一定的脱落情况，证明中间层的存在能有效改善电极与基底板的结合力，增强黏附能力。图 6—6b 与图 6—6c 中为均含有中间 SnO_2-Sb 中间层的 PbO_2 电极，但掺杂的改性离子不同。图 6—6b 为掺杂有镧元素的 PbO_2 电极，图 6—6c 为掺杂有氟离子的 PbO_2 电极。SEM 扫描图对比表明，镧元素的加入使电极表面沉积更加均匀，La 元素掺杂进入 PbO_2 晶格中，降低 PbO_2 在电极表面的生成速度，使生成的 PbO_2 晶粒细小、致密。氟离子的加入可以使镀层致密光滑电极性能良好。图 6—6d 与图 6—6d’中电极为结合了中间层，镧元素与氟离子的 PbO_2 电极，从图中可以观察到电极表面致密光滑，晶粒分布均匀密集，形貌良好。

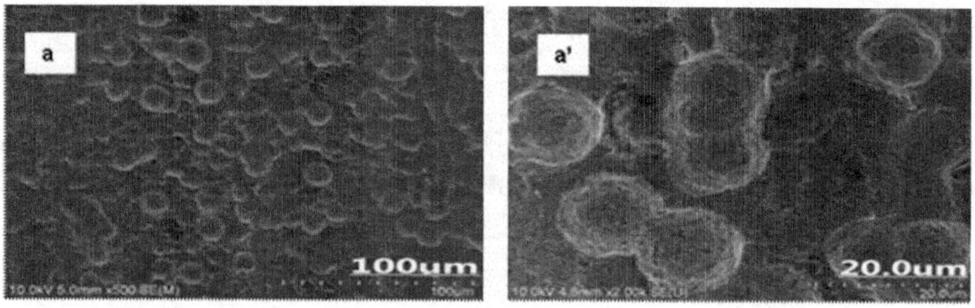

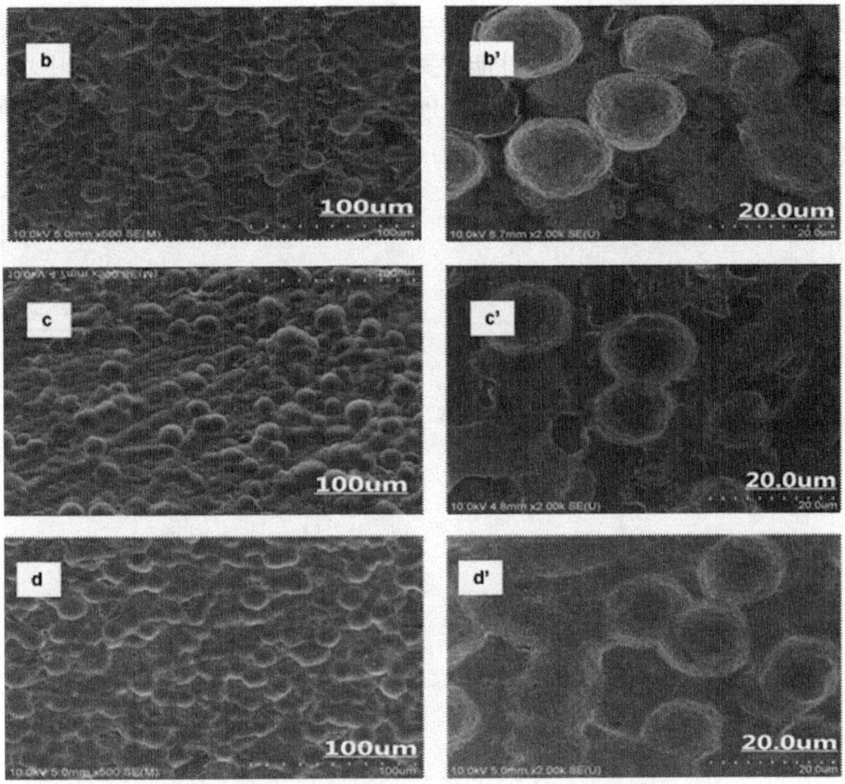

图 6—6　不同催化层电极的表面形貌 a 与 a'，b 与 b'，c 与 c' 和 d 与 d' 分别代表 F-La-PbO_2，La-SnO_2-Sb-PbO_2，F-SnO_2-Sb-PbO_2 与 F-La-SnO_2-Sb-PbO_2 的表面形貌

Fig. 6—6　SEM Photographs of the surface of electrode with different catalyst layer，a and a'，b and b'，c and c'，d and d' represented the surface of F-La-PbO_2，La-SnO_2-Sb-PbO_2，F-SnO_2-Sb-PbO_2，and F-La-SnO_2-Sb-PbO_2

6.3.3　XRD 分析

对不同的改性 PbO_2 电极进行 XRD 分析，结果如图 6—7 所示，ABCD 依次代表 LaF-PbO_2、La-PbO_2、F-SnO_2-Sb-PbO_2 和 LaF-SnO_2-Sb-PbO_2。对照 PbO_2 的标准图谱可知，A 和 B 以 β-PbO_2（301）晶格为主，有少量 β-PbO_2（101）存在。没

有中间层的 A 和 B 含有许多种的 β-PbO_2 晶格，证明电极在沉积时 PbO_2 晶相向多面伸展，这样不利于电极催化性能的提高。四组测试结果表明样品中均无明显的 α-PbO_2 晶格，β-PbO_2 占 100 %，β-PbO_2 较 α-PbO_2 的催化活性高，说明电极有良好的催化活性。

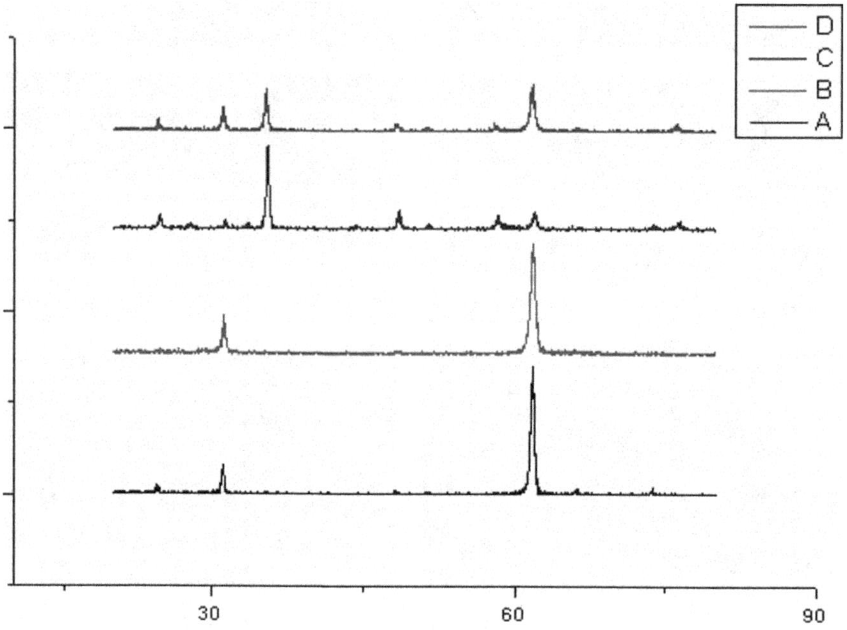

图 6—7 LaF-PbO_2、La-PbO_2、F-SnO_2-Sb-PbO_2和 LaF-SnO_2-Sb-PbO_2 的 XRD 图

Fig. 6—7 XRD patterns of LaF-PbO_2 electrode, La-PbO_2 electrode, F-SnO_2-Sb-PbO_2 electrode and LaF-SnO_2-Sb-PbO_2 electrode

6.3.4 降解有机废水效果测试

用自制的四种 PbO_2 电极：LaF-Ti/Sb-SnO_2/PbO_2、LaF-Ti/PbO_2、F-Ti/ Sb-SnO_2/PbO_2、La-Ti/PbO_2，分别降解由对硝基苯酚和无水硫酸钠组成的模拟废水，对硝基苯酚的初始浓度为 $1mol \cdot L^{-1}$，无水硫酸钠初始浓度为 $0.1mol \cdot L^{-1}$，在 $20\ mA \cdot cm^{-2}$电流密度下氧化降解 5 h，每隔一小时取样一次，一次 5 mL，经高效液相色谱仪的波谱分析，得出每个时间段模拟废水在不同电极上的出峰面积。

根据公式：

$$Q = 1 - \frac{S_1}{S_0}$$

式中：Q——对硝基苯酚的去除率

S_1——改造电极的出峰面积，mAu · s

S_0——空白组（未经处理的模拟废水）的出峰面积，mAu · s

计算得出的结果见图 6—8，由图 6—8 可知，随着降解时间的增加，每组电极材料对对硝基苯酚去除率也增加。同时也可以看出，在降解时间分别为 1 h、2 h、3 h、4 h、5 h 时，掺杂 LaF-Ti/ Sb-SnO_2/PbO_2 的电极对对硝基苯酚的去除率分别达 30.07%、54.79%、67.81%、80.22%、88.63%，每个时间点的去除率都远高于其他电极，证明制备得到的 LaF-Sb-SnO_2-PbO_2 电极对污染物的降解处理效果优异。

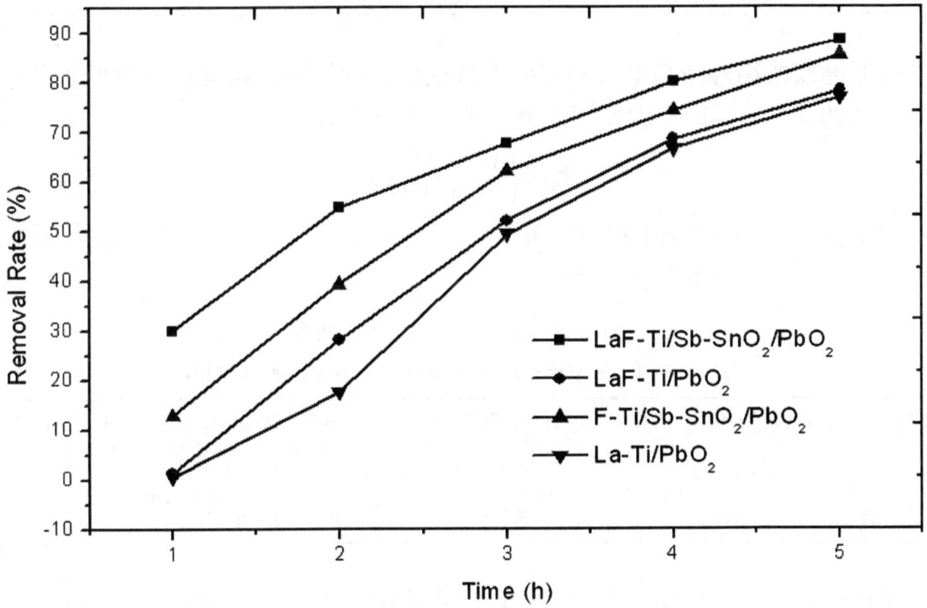

图 6—8　对硝基苯酚在四种催化电极上的去除率

Fig. 6—8　Removal rates of para nitro-phenol on electrode with different catalyst layer

6.3.5 寿命测试

分别以制备得到的四种 PbO_2 电极为阳极，以等面积的 Ti 板为阴极，电极间距为 1.5cm，在 1.0mol·L^{-1}的 H_2SO_4 溶液中电解，控制实验温度在 60 ℃、电流密度在 4A·cm^{-2}。

电压在电解初期维持在 3.2—8 V，一段时间后电压急剧上升到 10 V 以上，电流急剧减小，PbO_2 电极表面甚至出现明显脱落现象，表明电极已失效。槽电压上升前电极所经历的时间为其使用寿命。具体结果见表 6—1：

表 6—1 阳极加速寿命实验结果

Table 6—1 Anode accelerated life test results

阳极	LaF-Ti/Sb-SnO_2/PbO_2	F-Ti/Sb-SnO_2/PbO_2	La-Ti/Sb-SnO_2/PbO_2	LaF-Ti/PbO_2
加速寿命	32 h—33 h	28 h—29 h	31 h—32 h	7 h—8 h

按照电极使用寿命与电流密度的平方成反比的规律，换算成一般的工业电流密度（1000 A·m^{-2}）下的使用寿命，其计算公式为：

$$T_u = \left(\frac{40000}{1000}\right)^2 \times T_A$$

式中：T_u——电极使用寿命，h

T_A——电极加速寿命，h

表 6—2 阳极使用寿命实验结果

Table 6—2 Experimental results of anode service life

阳极	LaF-Ti/Sb-SnO_2/PbO_2	F-Ti/Sb-SnO_2/PbO_2	La-Ti/Sb-SnO_2/PbO_2	LaF-Ti/PbO_2
使用寿命	51200 h	44800 h	49600 h	11200 h
使用寿命	5.84 年	5.11 年	5.66 年	1.28 年

对比可见，中间层的存在对于电极寿命影响巨大，有中间层的电极使用寿命是没有中间层的 4—5 倍。这是由于 SnO_2 属于金红石型晶系，而且晶格尺寸和单元晶胞体积介于 TiO_2 和 PbO_2 之间，以它作为中间层可缓和 TiO_2 和 PbO_2 之间的晶格不匹配因素，降低了电极内应力；同时由于它们晶格尺寸相近，容易生成固溶体，涂层比较致密，在相界面上可阻止纯 TiO_2 的析出，有效阻止钛基体的钝化；掺杂 Sb 后涂层导电性显著提高。所以使电极寿命大大提高。镧元素的掺杂

一定程度上延长了电极的使用寿命，这可能是由于镧元素有助于电极沉积得更加紧密均匀。氟离子对电极寿命的影响并不明显。

综合对比，本研究通过 Ti 板基底的刻蚀，增大了基底的比表面积；中间层的添加有效减小 Ti 基底与 PbO_2 涂层之间表面张力的差别，提高了电极的使用寿命；镧元素的掺杂对保持电极表面晶粒完整性有一定的效果；氟离子的掺杂能使电极表面光滑，有助于氧化剂从电极表面脱附，提高电极的催化氧化性能。本研究所制备的新型 PbO_2 电极具有良好的稳定性，对污染物的催化处理效果显著，使用寿命由 1.28 年延长至 5.84 年，对其在实际废水处理中的应用具有较好的推广作用，体现了工业应用方面的优势。

6.4　结　论

PbO_2 电极具有优良的催化能力，在水处理方面应用前景广阔；但也具有涂层易剥落，使用寿命受限等问题。本研究通过蜂窝状基底的制备，提高了表面涂层与基底的联结面积；通过添加中间层，有效延长了电极的使用寿命；通过镧元素的掺杂，有效改善了电极的晶型，使得晶粒细小致密；氟离子的掺杂减小了电极表面的粗糙度。综合一系列的手段，制备得到的新型电极具有比表面积大，使用寿命长，催化性能优异等特点，有效推进了 PbO_2 电极在水处理方面的应用，体现了较强的推广应用价值。

第七章　电化学氧化系统深度处理垃圾渗滤液生化出水的研究

7.1 引　言

随着城市生活水平的不断提高，中国城市垃圾产量也急剧增大，卫生填埋仍将是中国当前主要的垃圾处理方式之一。垃圾填埋过程中，由于厌氧发酵、有机物分解、雨水冲淋等产生多种代谢物质，形成高浓度的有机废液，即垃圾渗滤液。垃圾渗滤液是一种成分复杂的高浓度有机污水，含有难生物降解的萘、菲等芳香族化合物、氯代芳香族化合物、磷酸酯、邻苯二甲酸酯、酚类和苯胺类有机污染物、无机污染物（NH_3-N 等）、重金属和病原微生物等，如不加妥善处理直接排放，会对地表水、地下水及土壤造成严重污染。它是垃圾填埋过程中产生二次污染的主要因素之一，对水体、土壤、大气和生物都有不同程度的影响。垃圾渗滤液若不妥善处理而直接进入环境，将会对环境造成严重污染。因此研究高效经济的垃圾渗滤液处理技术已迫在眉睫。

7.1.1　垃圾渗滤液的来源

中国环境保护部 2010 年 2 月 3 日发布的《中华人民共和国国家环境保护标准（HJ564—2010）——生活垃圾填埋场渗滤液处理工程技术规范（试行）》中指出：渗滤液是指垃圾在堆放和填埋过程中由于压实、发酵等物理、生物和化学作用，同时在降水及其他外部来水的渗流作用下产生的含有机或无机成分的液体。其来源主要有以下几个方面：（1）大气降水的渗入：降水主要包括降雨和降雪流入渗滤液中；（2）地表水的渗入：是指来自地表的径流水，径流的数量主要取决于填埋场所在地周围的地势、覆土材料的种类和渗透性能，还有地表上的植被情况及有无排水设施等；（3）地下水的渗透：根据填埋场的地理位置，当填埋场的位置低于地下水位，且若没有设置防渗系统，地下水有可能会渗入垃圾填埋场内；（4）垃圾自身含水：垃圾自身所含有的水分及通过大气降水被吸附的水分，垃圾自身的含水量可以作为渗滤液的主要来源之一；有机物分解生成水：垃圾本身的有机组分在填埋场内经微生物厌氧和兼氧分解作用产生的水分，其水含量与垃圾的成分、分量、温度、酸碱度和微生物群等因素有关。

通过上述分析，我们得知垃圾渗滤液的产生量与垃圾填埋场所在的地理位置，所在区域的水文条件、季节及气候变化有关，同时还与垃圾性质和自身的含水量、填埋的方式和时间等有关，因此，渗滤液的水质和水量变化较大。

7.1.2　垃圾渗滤液的变化过程

渗滤液的产生是一个比较稳定的过程，一般包括以下五个阶段：即为初始调整阶段、过渡阶段、酸化阶段、甲烷发酵阶段和成熟阶段。

（1）**初始调整阶段**

在此阶段固体废物放置积累，废物的水分逐渐积累，成分和性质方面也开始发生了初步的变化，垃圾中易降解组分与氧气发生好氧降解反应，生成二氧化碳和水，反应放热，垃圾填埋场温度会逐渐升高，此阶段渗滤液中含有高浓度的有机物质。

（2）**过渡阶段**

在此阶段进入厌氧环境下，垃圾的降解主要是由好氧降解向厌氧降解的过渡，以兼性厌菌及真菌为主的微生物在此阶段开始发挥作用，渗滤液 pH 开始降低，呈酸性，在这一阶段的最后，可测出一定数量的化学需氧量和挥发性脂肪酸（VFA）。

（3）**酸化阶段**

当填埋场持续产生氢气时，表明垃圾填埋场进入酸化阶段。在这一阶段中填埋场内部基本为厌氧条件，反应主要是厌氧反应，兼性和专性厌氧微生物对垃圾起到主要降解作用，还会产生挥发性有机酸（VFA）这个高浓度的中间产物，渗滤液中化学需氧量、挥发性有机酸和金属离子浓度在此阶段达到最大值，此后逐渐下降，同时 pH 继续下降，酸性增强。

（4）**甲烷发酵阶段**

氢气的产生量开始缓慢减少是进入此阶段的重要标志，在这一阶段中专性厌氧菌开始起作用，所有可降解垃圾被缓慢但却很有效地分解，有机酸和氧气在厌氧菌（主要为甲烷菌）的作用下转化为甲烷，甲烷含量稳定在55 %左右，pH 值在6.8—8.0，渗滤液中电导率、化学需氧量、BOD_5 和金属离子浓度慢慢下降。

（5） **成熟阶段**

进入最后的成熟稳定阶段的重要标志是易降解的组分几乎全部分解完以后。在这一阶段中，以二氧化碳和甲烷为主的填埋气仍是主要组分，但其产率却显著下降，垃圾渗滤液显弱碱性，其中的有机物浓度不断持续减少，常含有一定量难生物降解的腐殖酸和富里酸。

总体来说，垃圾填埋场渗滤液污染物的组成和浓度与填埋时间的长短、季节的变化、气温的变化等都有着很密切的关系，即使是在同一垃圾填埋场，采样的地点和深度不同，垃圾渗滤液的性质特征也不尽相同。所以，整个填埋场的垃圾渗滤液实际上是渗滤液在不同阶段和不同水质条件下综合的结果。

7.1.3 垃圾渗滤液的水质特征

由于垃圾成分、填埋时间、气候条件等多种因素的影响，垃圾渗滤液的组成成分十分复杂，有机污染物种类繁多，同时还含有大量的氨氮和重金属离子等，其典型水质指标见表7—1。

表7—1 垃圾渗滤液典型水质指标／（$mg \cdot L^{-1}$）

Table 7—1 Characteristics of leachate／（$mg \cdot L^{-1}$）

指标	范围
COD_{Cr}	100—62400
pH	5.8—7.5
BOD_5	2—38000
氨氮	5—3000
TOC	20—19000
有机氮	0—770
有机磷	0.02—3

目前，我国共建有大大小小的卫生填埋场上千座；而且陆续还在不断地建设中。而卫生填埋之后产生大量的垃圾渗滤液，如不加以妥善处理，必将对地下

水、地表水及公众健康造成严重威胁。垃圾渗滤液污染控制的一个重要内容就是对渗滤液水质特征进行分析、研究，这也是合理选择垃圾渗滤液处理工艺流程的前提。与城市污水相比，垃圾渗滤液的水质主要特性如下：

（1）**有机物浓度高**

垃圾渗滤液的有机污染物的浓度变化范围很大，其COD_{Cr}浓度可从几百到上万 $mg \cdot L^{-1}$，最高可达 80000 $mg \cdot L^{-1}$，BOD_5 最高达 35000 $mg \cdot L^{-1}$，是城市污水有机物浓度的几百倍。有研究发现其中的有机物多为烯烃类、芳烃、烷烃、酸类、醇、酚类、酮醛类及酰胺类等，而且有些已被确认为可疑致癌物、促癌物和辅助致癌物。郑曼英等对垃圾渗滤液中的有机组分进行了分析，发现垃圾渗滤液含有 77 种有机物，其中可疑致癌物质一种、辅助致癌物质五种，其中被列入我国环境优先污染物的“黑名单”的有五种以上，其中列入我国环境优先控制污染物的就有五种。早期垃圾渗滤液有机物浓度高，BOD_5 与 COD 比值为 0.4 ~ 0.6，低分子脂肪酸多，采用生化处理工艺可以取得较好的处理效果。

（2）**水质和水量变化较大**

①渗滤液的产生量因季节的变化而变化，旱季的产生量要远低于雨季的产生量；②污染物的组成和质量浓度也因季节的变化而变化；③随着填埋时间的延长，渗滤液水质会发生明显变化。按照填埋场运行的时间，在广义上垃圾渗滤液可分为三类：年轻渗滤液（填埋时间在 5 年以下）、中年渗滤液（填埋时间在 5—10 年）、老龄渗滤液（填埋时间在 10 年以上）。年轻填埋场产生的渗滤液其水质特点是：色度较大，pH 相对较低，BOD_5 以及 COD 的浓度较高，且两者的比值也相对较高，重金属离子的浓度也很高。老年垃圾填埋场渗滤液的水质特点是：色度较大，pH 一般在 6—8，接近中性或弱碱性，BOD_5 以及 COD 的浓度较低，且两者的比值也相对较低，可生化能力差。重金属离子浓度也开始减少。中年填埋场产生渗滤液的水质特点则介于年轻和老龄渗滤液的水质特点之间。随着填埋龄的增加，晚期垃圾渗滤液有机物浓度降低，腐殖质增加，NH_3-N 浓度增大，BOD_5 与 COD 之比将降至 0.2 以下，可生化性降低，采用生化处理工艺常常去除效果不理想。在实际生产中，因垃圾卫生填埋时间有先后，使早期垃圾渗滤液和晚期垃圾渗滤液并存，则更增加了处理的难度。因此，垃圾渗滤液的这一水质特性是其他污水无法比拟的，突出了其处理的难度。

（3）**氨氮浓度高**

渗滤液中的氨氮主要来自填埋垃圾中的蛋白质等含氮物质。垃圾渗滤液中的氨氮浓度很高，且在一定时期随填埋时间的延长而有所提高，主要是有机氮转化为氨氮导致。早期垃圾渗滤液氨氮浓度通常在1500—2000 mg·L^{-1}，而晚期垃圾渗滤液氨氮浓度则更高，通常在2000—100000 mg·L^{-1}，晚期垃圾渗滤液中很高的氨氮浓度是其重要的水质特征，也是导致其处理难度增大的重要原因。目前大多采用厌氧填埋，因此在填埋场进入产甲烷阶段后，NH_3-N浓度不断上升，达到峰值后仍持续很长的时间，甚至封场后仍达到相当高的浓度（10000 mg·L^{-1}）。吴莉娜等人对北京六里屯垃圾填埋场渗滤液为期1460 d的研究表明：渗滤液NH_3-N浓度可由最初的不到1000 mg·L^{-1}增加至3000 mg·L^{-1}以上。渗滤液中氨氮通常占总氮的85%—90%；因此进水氨氮浓度过高，直接影响到进水总氮浓度，从而易使出水总氮浓度不达标。渗滤液中高浓度的NH_3-N及其随时间的变化，不仅加重了其对受纳水体的污染程度，也给其处理工艺的选择带来了困难，增加了复杂性。就晚期垃圾渗滤液而言，晚期垃圾渗滤液NH_3-N浓度高，而COD浓度却比早期垃圾渗滤液低很多，使渗滤液的C/N很低，然而，过低的C/N比会对常规的生物处理产生抑制。况且因为缺乏有机碳源，晚期垃圾渗滤液也很难进行彻底的反硝化脱氮。

（4）**营养元素比例失调，含磷量低**

以北京六里屯垃圾渗滤液为研究对象表明，垃圾渗滤液的磷浓度在3—15 mg·L^{-1}，尤其是溶解性磷酸盐浓度更低。渗滤液中的Ca^{2+}浓度和总碱度很高，磷浓度受到其影响，总磷（TP）的浓度通常为0—125 mg·L^{-1}。以北京六里屯垃圾填埋场为例，渗滤液中的BOD_5/TP大于300，而微生物生长所需要的碳磷比为100∶1，因此采用生物处理工艺时，有可能产生生物处理中的缺磷问题。

（5）**含有重金属离子且种类多**

渗滤液中含有多种重金属离子，如Cu^{2+}、Pb^{2+}、Cd^{2+}、Cr^{2+}、Zn^{2+}、Fe^{3+}、Hg^{2+}、Mn^{2+}、As^{3+}等。

表7—2 我国城市垃圾渗滤液中的重金属

Table 7—2 Heavy metals of landfill leachate in our country

重金属	浓度/（μg·L－1）
As	0—92
Fe	1330—3.02×10^5
Zn	75—1060

续表

重金属	浓度/（μg·L－1）
Cd	1—100
Ni	260—1000
Pb	100—200
Cr	60—990
Cu	10—1100

有研究表明，在填埋初期铁和锌含量较高，铁的浓度可达200 $mg \cdot L^{-1}$左右，锌的浓度可达130 $mg \cdot L^{-1}$左右。我国对渗滤液中重金属离子的专项研究很少，少量的文献数据差别也很大，这与垃圾的收集填埋不规范，垃圾中含有不同的工业废物等因素有关。我国垃圾渗滤液中的重金属含量，见表7.2。这些重金属离子对环境的污染程度大且难以降解，高浓度的重金属离子可以使微生物酶失去活性，使微生物的代谢活性下降甚至完全消失，对微生物会产生严重的抑制作用。因此当垃圾渗滤液中重金属离子浓度很高时，在生物处理前需增设预处理工艺去除这部分重金属，以减轻对后续生物处理工艺中微生物的毒害作用。

（6）**微生物**

垃圾填埋场条件适宜微生物生长繁殖，因此在填埋垃圾的过程中不同种类的微生物大量生长繁殖。垃圾渗滤液所含的微生物种类与填埋场垃圾中的微生物种类基本相同，主要有产甲烷菌、亚硝化细菌、硝化细菌、反硝化细菌和硫酸盐还原菌等七类细菌及一些病原菌和致病微生物，如沙门氏菌属等。

（7）**其他特点**

垃圾渗滤液色度很高，呈淡茶色或黄褐色。在生化处理时会产生大量生物泡沫，对处理系统正常运行产生一定影响。由于渗滤液中含有一些有机物很难被生物降解，因此，经生化处理后，COD浓度通常仍在500—2000 $mg \cdot L^{-1}$范围内，也就是说，采用生物方法很难将COD浓度降到国家最新排放标准规定的100 $mg \cdot L^{-1}$以内。

7.1.4　垃圾渗滤液的危害

渗滤液这样一种高浓度、有毒有害的有机废水，如果不能及时进行收集和处理，将会严重污染生态环境，严重危害人类健康。

（1） **对地表水和地下水的污染**

垃圾渗滤液进入地表，使地表水的水质不断恶化且水体缺氧，易造成富营养化，严重破坏饮用水及其他水源。垃圾渗滤液进入地下，会改变地下水物理、化学和生物特性，污染后很难恢复。

（2） **对土壤和大气环境有严重污染**

垃圾渗滤液进入土壤以后，污染物超出了土壤自净能力，并在土壤中产生一系列的物理作用、化学作用及生物作用，改变了土壤的结构和正常功能，土壤质量严重下降，破坏农作物的生长发育，导致农作物的产量下降、质量降低。垃圾渗滤液长期处在厌氧或兼性厌氧条件下，其含有的碳水化合物及含氮有机物由于溶解氧不足，会形成多种恶臭物质，产生大量恶臭气味，严重影响大气环境。

（3） **对人类身体健康的危害**

通过食物链的传递，渗滤液中的污染物可以直接或间接地进入人体，破坏人体组织和细胞，引发各种疾病，以在优先控制污染物“黑名单”上的有机污染物最多，对人类的身体健康构成了严重的威胁。综上所述，渗滤液水质、水量的特点以及氨氮含量、营养成分比例等，这些都是影响渗滤液处理的主要因素。因此，目前垃圾渗滤液的处理处置工作十分重要，特别是开发有效的垃圾渗滤液处理技术迫在眉睫。

7.2 垃圾渗滤液处理技术

目前，在国外发达国家和一部分发展中国家垃圾渗滤液的处理方法主要包括土地法、物化法和生物法。土地处理主要是通过土壤颗粒的过滤、离子交换吸附和沉淀等作用去除渗滤液中悬浮固体和溶解成分。通过土壤中的微生物作用使渗滤液中的有机物和氮发生转化；物化法主要有活性炭吸附、化学沉淀、化学氧化、化学还原、离子交换、反渗透、电渗析等多种方法。在 COD 为 2000—4000 $mg \cdot L^{-1}$时，物化方法的 COD 去除率可达 50%—87%，和生物处理相比，物化处理不受水质水量变动的影响，出水水质比较稳定，尤其是对 BOD_5/COD 比值较低（0.07—0.20）难以生物处理的垃圾渗滤液，有较好的处理效果，但物化方法处理成本较高。因此，目前垃圾渗滤液处理主要采用生物法。生物法分为好氧生物处理、厌氧生物处理以及两者的结合。好氧处理包括活性污泥法、曝气氧化池、好氧稳定塘、生物转盘和滴滤池等。厌氧处理包括上向流污泥床、厌氧固定化生物反应器、混合反应器、厌氧稳定塘及厌氧折流板反应器等。

但是对于可生化性低、毒性强的垃圾渗滤液来说，生物法处理效果往往不够理想，渗滤液处理出水要达到国家日益严格的排放标准，深度处理是一项迫切需要的技术。近些年来，国内外学者就垃圾渗滤液的处理进行了大量研究，取得了较大的成果。国内外常用的有光催化技术、电解处理技术、Fenton 处理技术、湿法氧化（WAO）/催化湿法氧化（CWAO）膜分离法、化学混凝技术等，经过深度处理，能保证出水达到 GB16889—1997 一级排放标准。

7.2.1 土地处理

土地处理法是指利用土壤颗粒的过滤作用以及通过吸附、离子交换或沉淀作用，将垃圾渗滤液中的悬浮固体及溶解成分去除的处理方法。目前主要有两种处理方法：回灌处理法及人工湿地。

（1）**回灌处理法**

最早是由美国 Poh land 在 20 世纪 70 年代提出的，主要是利用垃圾填埋层这个“生物滤床”净化垃圾渗滤液。垃圾渗滤液通过覆土层、垃圾层后会发生物理反应、化学反应和生物反应，使其被降解、截留及减少。回灌处理方式其优点主要有设施简化、运行费用低、基建投资省、耐冲击负荷等。据估计，英国约有 50 %、美国也有 200 多座填埋场采用的是回灌技术，特拉华州固体废弃物管理局已将渗滤液循环处理技术应用于许多城市垃圾填埋场。国内褚衍洋等利用回灌处理 + 铁促电化学氧化工艺对渗滤液进行处理，结果表明：处理后 COD 和 NH_4^+-N浓度值分别降低到 300 mg · L^{-1}以下和 15 mg · L^{-1}以下，该工艺能够处理可生化性较好的渗滤液。但回灌处理不足之处是容易堵塞土壤，氨氮大量积累，处理后的浓度较高，需再处理等，所以很少采用回灌处理单独处理渗滤液，此项技术在我国的应用并不普遍。

（2）**人工湿地**

人工湿地是近几年出现的一种新工艺，就是人为制造出的适合水生或湿地植物生长的“环境”，其中有大量的多种活性微生物。水中可溶性固体、有机物、COD、BOD_5、氮、磷及重金属等污染物经这些微生物的生化反应，转变成为植物生长所需的营养物质，从而降解污染物。其优点是管理方便、费用低等，缺点是处理效果与季节变化有关，且处理有机物的浓度也较低。人工湿地不适应北方寒冷的地区，而适应在植物生长茂盛且生长期长的南方地区。人工湿地系统多用于渗滤液的深度处理中。Bulc 等对垃圾渗滤液采用了自建的 $450m^3$ 人工湿地进行处理，结果显示 COD 和 BOD_5 的去除率分别为 68 % 和45 %，铁的去除率达 80 %。迟延智等人对几种典型的处理工艺进行了经济比较，以处理 $6\times10^4m^3\cdot d^{-1}$ 污水量计，发现人工湿地比其他三种传统处理工艺的处理成本费用节省 75%—80%。Tjasa G 采用两级垂直流 + 水平流人工湿地处理晚期垃圾渗滤液效果较好，COD、BOD_5、NH_3-N、TP 和铁去除率分别达到 50%，59%，51%，53%，84%。但与传统生物处理工艺相比，人工湿地处理工艺占地面积较大，纽约 Monroe 县采用表流湿地 + 潜流湿地处理渗滤液的占地指标 $18.6m^2\cdot(m^3\cdot d)^{-1}$，国内目前利用人工湿地处理渗滤液的工程实例还不多，深圳白泥坑人工湿地处理城市污水的运行经验表明，处理吨污水占地指标为 $2.7m^2\cdot(m^3\cdot d)^{-1}$。然而，我国城市土地价格昂贵，寸土寸金，很大程度上使人工湿地的应用受到限制。因此，开发高负荷高效率的湿地处理系统成为解决这一问题的主要途径。

7.2.2 生物处理

当垃圾渗滤液的 BOD_5/COD 大于 0.3 时，渗滤液的可生化性较好，可以采用生物处理法。生物法可分为好氧生物处理和厌氧生物处理两类，好氧处理工艺有活性污泥法、曝气氧化塘、稳定塘、生物转盘、滴滤池等，厌氧处理工艺有厌氧生物滤池、厌氧接触法、上流式厌氧污泥床、厌氧混合床等。生物法是垃圾渗滤液处理中最常用的一类方法，因其运行费用低、处理效率高、不会出现化学污泥等特点而被世界各国广泛采用。生化处理具有处理效果好、成本低等优点，它是目前应用最广泛的处理方法。

（1）**厌氧生物处理**

厌氧处理法具有能耗少、操作简单、设备投资运行费用低、污泥产率低和可提高污水可生化性等优点，又可以承受较大的冲击负荷。近年来，用于垃圾渗滤液的厌氧处理方法有：普通厌氧消化、两相厌氧消化、厌氧滤池、上流式厌氧污泥床、厌氧复合床和厌氧折流板反应器等。适于处理有机物浓度高、可生化性略差的垃圾渗滤液。如其 BOD_5/P 只需为 4000：1，虽然渗滤液中 P 的含量通常少于 $1mg\cdot L^{-1}$，仍能满足微生物对 P 的要求。申欢等采用上流式厌氧污泥床（UASB）处理城市垃圾渗滤液，当水力停留时间为 1—6d，容积负荷为 1.5—7.8 kg $COD\cdot(m^3\cdot d)^{-1}$ 时 COD 的去除率为 60%—85.5%。K. J. Kennedy 等通过序批式和连续式 UASB 处理垃圾渗透液，当有机负荷为 0.6—19.7 g COD·（L·d）

时，COD 的去除率约为 77% 和 92%，但当序批式 UASB 的比有机负荷超过 3g COD/g VSSd 时，COD 去除率也急剧下降。沈耀良等采用 ABR 处理城市污水与垃圾填埋场渗滤液混合废水，表明 ABR 可有效地改善混合废水的可生化性，进水 $BOD_5/COD=0.2—0.3$ 时，出水可提高到 0.4—0.6。混合废水经 ABR 的预处理后，大大促进了废水进一步好氧处理的运行稳定性。21 世纪初，加拿大 Halifax Highway101 垃圾填埋场采用厌氧生物滤池分别处理年龄为 1.5a 和 8a 的填埋场渗滤液，它们的 COD 各为 14000 $mg \cdot L^{-1}$ 和 4000 $mg \cdot L^{-1}$，BOD_5/COD 各为 0.7 和 0.5，当负荷 COD 为 1.26—1.45kg · $(m^3 \cdot d)^{-1}$，水力停留时间为 24h—96h 时，COD 去除率均可达 90% 以上，然而，当负荷再增加，其去除率也急剧下降。另外，英国水研究中心报道用 UASB 技术处理垃圾渗滤液时，其有机负荷比厌氧滤池要大得多。其他一些国家如新西兰、美国、澳大利亚等在处理垃圾渗滤液时也采用了 UASB 工艺，运行效果良好。

(2) **好氧生物处理**

好氧法是利用微生物的耗氧反应来降解渗滤液中的有机物，实现对 BOD_5、COD_{Cr} 和氨氮的有效降低，且还可以部分去除 Fe^{3+}、Mn^{2+} 等金属离子。目前好氧处理法主要包括活性污泥法、曝气稳定塘法、生物膜法、接触氧化法、生物滤池和生物流化床等工艺。国内外研究表明，活性污泥法通过提高污泥浓度降低污泥有机负荷，获得了令人满意的渗滤液处理效果。钱伯兔采用沉淀-SBR-活性炭过滤复合工艺处理垃圾渗滤液，当进水 COD 浓度为2500 $mg \cdot L^{-1}$，氨氮浓度为 900 $mg \cdot L^{-1}$ 时，经该系统处理后，COD 去除率达90 % 以上，氨氮去除率达 98 % 以上。希腊 Louk ionM X 等研究利用以粉末活性炭为载体的生物流化床技术来处理高浓度渗滤液，结果表明 COD_{Cr}、BOD_5、NH_3-N 的平均去除率分别可以达到 81%、90% 和 85%。20 世纪末，美国宾夕法尼亚州 Fall Township 污水处理厂在处理垃圾渗滤液时使用了活性污泥法，研究表明，活性污泥能去除渗滤液中 99% 的 BOD_5 和 80% 以上的有机碳。与活性污泥法相比，曝气稳定塘体积大，有机负荷低，尽管降解进度较慢，但由于其工程简单，是比较经济的垃圾渗滤液好氧生物处理方法。英国在 Bryn Posteg Landfill 投资建立的曝气氧化塘和英国水研究中心在 New Park Landfill 进行曝气稳定塘的中试也都表明，采用曝气稳定塘能获得较好的垃圾渗滤液处理效果。

(3) **厌氧与好氧结合方式**

垃圾渗滤液是有毒、有害的高浓度有机废水，单独采用好氧处理或厌氧处理都难以达到排放要求。在现行的垃圾渗滤液处理工艺中，大多采用厌氧—好氧组合处理系统。实践证明，采用厌氧—好氧处理工艺既经济合理，处理效率也高，不仅可以较有效地去除 COD 和 BOD_5，还可较好地除磷和脱氮等。广州市李坑垃圾填埋场采用厌氧—氧化沟—兼性塘工艺，进水 BOD_5 为 2500 $mg \cdot L^{-1}$，COD_{Cr} 为 4000 $mg \cdot L^{-1}$，NH_3-N 为 1000 $mg \cdot L^{-1}$，SS 为600 $mg \cdot L^{-1}$，色度为 1000 倍；出水 BOD_5 为 30 $mg \cdot L^{-1}$，COD_{Cr} 为 60 $mg \cdot L^{-1}$，NH_3-N 为 10 $mg \cdot L^{-1}$，SS 为 70 $mg \cdot L^{-1}$，色度为 40 倍；大田山垃圾卫生填埋场渗滤液处理采用厌氧—气浮—好氧工艺，进水水质 COD_{Cr} 为 8000 $mg \cdot L^{-1}$，BOD_5 为5000 $mg \cdot L^{-1}$，SS 为 700 $mg \cdot L^{-1}$，出水水质 COD_{Cr} 为 100 $mg \cdot L^{-1}$，BOD_5 为60 $mg \cdot L^{-1}$，SS 为 500 $mg \cdot L^{-1}$。研究表明，对高浓度的垃圾渗滤液采用厌氧—好氧处理相结合的工艺既经济合理，处理效率又高，COD 和 BOD_5 的去除率分别可达 86.8 % 和 97.2 %。

由此可见，厌氧法具有有机负荷高、能耗低、污泥产率低、对无机营养元素含量要求较低和可提高污水可生化性的特点，非常适用于处理有机物浓度高、磷含量低、可生化性差的垃圾渗滤液。与厌氧法相比，好氧处理消耗能量，且 COD 浓度越高，耗能也越多，处理时有机物转化成污泥的比例远大于厌氧法，对于含磷浓度较低的垃圾渗滤液需要投加必要的磷，但好氧处理可有效地降低 COD、BOD_5 和氨氮，还可以去除另一些污染物质如铁、锰等金属。因此，对高浓度的渗滤液宜采用厌氧—好氧相结合的处理工艺。目前垃圾渗滤液的处理多采用预处理—生物处理—后处理的工艺流程，合适的预处理措施可有效地提高渗滤液的可生化性，改善后续工艺的运行环境，从而节约处理费用。

7.2.3 物化处理技术

物理化学法是利用物理化学的原理和化工单元操作设计处理工艺，它与生物处理法相比，在投资和运行费用上要高 10 多倍，一般都是与生物处理相结合，作为渗滤液的预处理或深度处理工艺，其主要处理方法有吸附法、化学沉淀法、吹脱法、高级氧化技术、膜分离处理技术等。

（1）**吸附法**

吸附法作为一种高效的物化处理手段，主要是通过使用各种不同类型的吸附剂，如活性炭、高岭土、焦炭、焚烧炉底灰、沸石、硅藻土、粉煤灰、蒙脱石等多孔性固体物质，目前该方法广泛应用在化工废水、重金属污染、印染废水等的污水处理领域。挑选出一种合适而低廉的吸附剂，是吸附法处理废水的关键。在垃圾渗滤液的处理中，吸附法主要作用是去除渗滤液的色度、金属离子和难降解的有机物污染物等。

（2）**化学沉淀法**

在物化处理过程中，大颗粒的悬浮物可以在重力作用下沉降，但微小粒径悬浮物和胶体粒子的沉降则需要向系统中添加混凝剂，使胶体粒子脱稳，通过絮凝作用，聚结成较大体积的物质，可以沉降，使出水澄清。它主要利用加入某种化学沉淀剂，发生化学反应，将溶解性离子转化成不溶性固体，达到去除难降解有机物、COD、NH_4^+-N 和重金属的目的。混凝沉淀法的特点有污染物去除效率高、突发情况少和装备不复杂等。常用的混凝剂包含氯化铁、硫酸铝和聚合氯化铝（PAC）等。

（3）**吹脱法**

生物处理前，去除氨氮很有效的方法是进行空气吹脱，其优点在于可以根据垃圾渗滤液体积及强度变化不断调整，其缺点是低温时处理效率快速下降。“中老年”垃圾填埋场的渗滤液中营养比例会严重失调，氨吹脱预处理方法可以调整 C/N。在去除 NH_4^+-N 的同时，吹脱法也可以去除氰化物、硫化物及对生化处理有抑制作用的挥发物质等，对后续的生化处理是很有利的。

（4）**膜分离法**

膜技术的推动力为外加压力或化学位差，根据膜材料的选择性吸附和筛滤原理，分离、提纯和富集液态或气态混合物。从膜材料的孔径和工作压力等性质区分，膜处理工艺包括微滤（MF）、超滤（UF）、纳滤（NF）和反渗透（RO）。其中，在垃圾渗滤液实际工程中反渗透（RO）利用最为广泛。新型膜分离技术进行渗滤液的处理在国内外发达地区已逐渐被采用，特别是在 2008 年我国垃圾填埋场新标准发布以后，为了满足新标准的要求，我国有越来越多的填埋场采用膜生物反应器（MBR）。膜处理工艺的处理效果好，可以不间断处理，对水质水量的抗冲击性强，运行状态稳定。但膜技术应用过程中膜材料成本较高，当进水污染严重时膜极易被污染，清洗工序繁杂，难度较高，难以再次利用。黄开坚采取 UASB＋一级 AO＋二级 AO＋超滤/反渗滤（RO）耦合工艺处理垃圾渗滤液。进水 COD 约 10700 $mg \cdot L^{-1}$，氨氮约 1150 $mg \cdot L^{-1}$，调试与运行结果表明，该工艺对 COD 和氨氮的处理率分别为 89 %～93.5 %、99 %～99.2 %，出水 COD≤100 $mg \cdot L^{-1}$，氨氮≤25 $mg \cdot L^{-1}$，TN≤40 $mg \cdot L^{-1}$，达到《生活垃圾填埋场污染控制标准》（GB 16889—2008）标准。姜彦超采用 MBR + NF + RO 耦合工艺应用于垃圾渗滤液的处理，实验显示，NF 技术对 COD 的去除结果较好，去除率为 86.17 %，但是处理氨氮和总氮的效果一般，需要与反渗透工艺联用。RO 工艺对 COD、氨氮、TN 处理效果较好，去除率分别为 87 %、73.50 % 和 72.29 %。RO 比 NF 的处理效果好，常常将 NF 出水与 RO 出水混合排放，能够有效保证 NF 出水达标。耦合工艺对 COD、氨氮和总氮的去除率分别达到99 %、98.41 % 和 97 %，出水水质已经达到优良水平。杨宪平等对渗滤液采用厌氧反应器—膜生物反应器—纳滤工艺进行处理，结果表明：渗滤液中的 COD 去除率为 99.4 %，BOD_5 去除率为 99.6 %，使用陶瓷膜作为超滤膜，陶瓷膜的清洗维护简便且耐酸、耐碱、耐高温，较好地解决了膜污染的问题。

（5）**物化—生物结合工艺**

渗滤液是高浓度、高分子化合物多、高毒性的废水，只采用单一的处理工艺很难使其处理后达标排放，越来越多的学者着眼于研究采用物化法和生物法组合的处理工艺处理渗滤液，且处理效果很好。程洁红等对渗滤液利用厌氧混凝沉淀耦合工艺进行处理，处理后渗滤液中 COD 和氨氮可达到 148.4 mg L^{-1} 和 2.2 mg L^{-1}，COD 和氨氮的去除率分别为 91.2 % 和90.4 %，有机物和氨氮去除效果较好。张连凯等对渗滤液采用混凝吸附—两段 SBR 法进行处理。预处理使用的混凝剂是聚合硫酸氯化铝铁，对 SS 的去除率为 84 %，对色度的去除率为 92 %，对化学需氧量的去除率为 53 %，渗滤液的可生化性同时得到提高。

近几年，我国加大了对渗滤液处理的投资力度，北京市的阿苏卫填埋场、深圳下坪垃圾填埋场、浙江杭州天子岭垃圾填埋场等不断引进国外先进技术，使我国的渗滤液处理水平迈入了新的时期。但是，由于考虑经济和运行费用，我国的渗滤液处理仍以生物技术的研究和应用为主，国外的渗滤液处理则以物理化学深度处理技术的研究和应用为主，而对于渗滤液这种有机污染物、氨氮、重金属浓度较高的高污染废水来说，仅靠单一的生物、物理化学的处理技术无法将其处理达标排放，渗滤液的处理应从改善处理效果，降低处理成本的角度考虑，采用高效的深度处理技术与传统的生物法与物化法结合的多种复合方法进行处理。

7.2.4 高级氧化深度处理技术

经过几十年的研究和探索，垃圾渗滤液处理技术有了很大的进展，但对于老化的渗滤液，由于生物处理基本无效。因此，必须采用以物化为主的深度处理技术。常见的深度处理方法包括光催化氧化、Fenton 法、吸附法、化学沉淀法、膜过滤等。与生物法相比，物化法受水质、水量影响小，出水水质稳定，尤其对 BOD/COD 较低而难以生物处理的垃圾渗滤液有较好的处理效果。由于深度处理费用较高，一般用于渗滤液预处理或生物处理后。

（1）**光催化技术**

光催化氧化是一种新型的水处理技术，具有工艺简单、能耗低、易操作、无二次污染等特点。其原理是在紫外光的照射下，一些半导体材料的价带电子会被激发到导带，从而产生具有很强反应活性的电子—空穴对，空穴具有很强的得电子能力，当它迁移到半导体表面后，在氧化剂或还原剂的作用下参与氧化还原反应，从而起到降解污染物的作用，该法可降解大部分有机污染物。光催化氧化的半导体有 TiO_2、ZnO、Fe_2O_3 等，使用最广泛的是 TiO_2，其性质稳定无毒。

（2）**电化学氧化**

电解氧化法是利用阳极的直接氧化作用和溶液中的间接氧化作用。阳极直接氧化是由于水分子在阳极表面上放电产生 ·OH，·OH 对被吸附在阳极表面上的有机物进行亲电进攻而发生氧化反应；间接氧化是在电解过程中电化学反应产生了强氧化剂，如 ClO^-、高价金属离子等，污染物在溶液中被这些氧化剂所氧化。电化学氧化法是一种环境友好型、反应条件温和的高级氧化技术，具有多功能性、高效、装置构造紧凑、操作简单、不需要或很少投加药剂、易于实现自动化、无二次污染等优点。电化学氧化法对难生物降解性、有毒有害性有机物具有良好的处理效果。目前，电化学氧化法主要用于处理印染废水、纺织废水、含酚废水、水产养殖废水、焦化废水、含盐工业废水、经生物预处理后的垃圾渗滤液以及各种难生物降解性物质等。

阳极材料是实现电化学反应和决定电流效率的关键因素，在电化学氧化技术的发展历程中处于核心地位。阳极材料电化学性能的差异可能会引起电化学反应速率发生数量级的变化。阳极材料应当具有一定的机械强度、电化学稳定性和耐腐蚀性。电化学氧化晚期垃圾渗滤液研究中涉及的阳极材料包括：石墨、SPR、DSA、Ti/PbO_2 和掺硼金刚石（BDD）等。但催化电解氧化法处理含 Cl^- 的废水时，会产生氯化有机物，在这方面有待进一步研究，另外，该法耗电量大，只有在电力充足的情况下才能使用。

（3）Fenton **处理技术**

Fenton 试剂是目前应用较多的一种催化氧化法，它利用羟基自由基的强氧化性对废水中的有机物进行氧化处理和试剂中的铁离子进行混凝沉淀。武汉大学张晖等人利用试剂对老化的垃圾填埋厂的渗滤液进行处理，当药剂投加量 Fe^{2+} 的投量固定为 0.044 mol/L、H_2O_2 与 Fe^{2+} 的投量比在 2.86—7.03 变化时，其的去除可达 80% 以上。但该方法也有一定的缺点：Fenton 法处理渗滤液时需要将 pH 调节至 3 左右，当与其他处理单元联用时需要设置 pH 调节设施，会增加组合工艺的投资及处理成本。Fenton 法只能氧化部分有机物或将其转化成可生化性好的有机物，对多环芳烃等结构复杂、化学性能稳定的大分子量有机物去除效果差。该方法的 COD 去除率较低，且对氨氮去除效果差。目前，与光催化、超声波、微波、电化学等技术联用是该技术的研究方向。

（4）**活性炭—H_2O_2 催化氧化技术**

采用活性炭作为催化剂，H_2O_2 作为氧化剂，在酸性溶液中，活性炭催化剂中的铁被氧化成铁离子，而铁离子与双氧水形成 Fenton 试剂，产生 · OH 自由基，该自由基具有非常强的氧化性，可氧化渗滤液中的有机物。另外，活性炭是还原性物质，在分解双氧水的过程中，自身的表面也被氧化成具有氧化性能的氧基团，当有机物被自由基进攻后，这些氧基团参与后续反应，达到降低渗滤液 COD 和色度的目的。对北京安定垃圾填埋场渗滤液的研究表明，这种方法比 Fenton 技术的处理效果要好，COD 及色度的去除率分别为 82.8 % 和 85.5 %，臭味消失。

（5）**超临界水氧化法**

超临界水氧化（SCWO）作为一种可以完全清除有毒有机废水的新技术，是 20 世纪 80 年代中期由美国麻省理工学院的 Modell 教授提出的。超临界水具有极强的溶解能力，高度的可压缩性，黏度接近水蒸气，而密度接近于液态水。其黏度为水的 1/100，密度可达到水蒸气的 100 倍，水的介电常数为 80，而超临界水的介电常数为 210 左右，由于其极强的溶解能力，可与氧气、有机物互溶，可使有机物的分子链断裂。作为环境友好的废水处理方法，SCWO 仍然不能工业化推广，主要有以下的原因：由于 SCWO 处于高温、高压条件下，尤其是有机物含有卤素、硫或磷，在超临界水氧化过程中会产生酸，引起设备的强烈腐蚀，所以造成 SCWO 装置放大到工业时成本较高，需从反应器的材料、结构等方面对反应器进行改进；反应中的盐沉淀问题会降低换热率而影响传热，增加系统压力，严重时将堵塞管路，是 SCWO 装置迫切需要解决的问题；反应动力学问题，由于有机物被超临界水分解需要在一定温度和压力下进行，因此对不同的有机物寻找其最适宜的反应条件是非常必要的，需要进一步地开展这方面的工作。

（6）**臭氧氧化技术**

邱佳洲等将臭氧高级氧化（AOP）技术用于处理垃圾焚烧厂和填埋场的渗滤液 MBR 尾水。结果表明：对于垃圾焚烧厂 MBR 尾水，经过 AOP-1（O_3）/生化/AOP-2（O_3 耦合）工艺流程，总 AOP 投加量介于 3—3.5 个单位时出水 COD < 100 mg · L^{-1}，可以达标；对于垃圾填埋场 MBR 尾水，经过混凝/AOP（O_3/H_2O_2）流程，当 AOP 投加量为 6 个单位时就可达标。考虑处理效果和经济性，臭氧氧化耦合工艺（混凝）/AOP-1（O_3）/生化/AOP-2（O_3/ H_2O_2）可有效深度处理垃圾渗滤液。臭氧氧化法能够去除晚期垃圾渗滤液中的有机物，在低剂量和短时间内不能完全氧化有机物，同时中间产物会阻断臭氧的氧化进程。该方法的 COD 去除率较低且改善可生化性的能力有限，同时存在运行费用高、臭氧利用率低的缺点，尾气也需要进行合理的处置。

（7）**催化湿式氧化法**

催化湿式氧化法（CWAO）是在湿式空气氧化法（WAO）的基础上引入催化剂发展而成的一种高级氧化技术，能够将有机污染物和含氨、氰等有毒物质氧化分解成 CO_2、H_2O、N_2 等无机物或小分子物质。催化湿式氧化法一般作为垃圾渗滤液的深度处理方法，具有效率高、无二次污染等特点，适宜于处理高浓度、生物毒性强的有机废水。但反应条件苛刻，催化剂回收率低，对反应器的耐高压、耐高温、耐腐蚀性要求高是其不足之处。

7.3　电芬顿系统深度处理垃圾渗滤液生化出水的研究

在实际应用中较为普遍的是生物处理和膜技术结合，但膜技术在应用过程中存在膜材料成本高、极易被污染、清洗工序繁杂、难以重复利用等问题，经膜分离后的浓水仍需要再处理，因此研究更加经济高效的膜处理替代技术迫在眉睫。不少研究学者开始探索利用氧化能力强的高级氧化技术来彻底矿化垃圾渗滤液中的有机组分，以此来替代膜技术对垃圾渗滤液的生化出水进行深度处理。在众多的高级氧化技术中，电化学氧化法因具有高效快捷、适应性强、不产生二次污染等特点而备受关注。

本研究选用掺硼金刚石（Boron-doped Diamond，BDD）薄膜电极作为阳极，碳毡材料（carbon felt，CF）作为阴极，并且在阴阳极板间引入感应铁电极

(Fe_S)，从而构建出一种新型的电化学系统。该系统具有更宽的 pH 工作范围，在不同 pH 条件下可依靠不同的作用机制有效促进垃圾渗滤液中有机污染物的去除。在酸性条件下，感应铁电极缓释出 Fe^{2+} 与阴极生成的 H_2O_2 发生芬顿反应可以产生出更多的 · OH（1），这大大增强了整个电化学系统的氧化能力。

$$Fe^{2+} + H_2O_2 + H^+ \rightarrow Fe^{3+} + H_2O + \cdot OH \quad (1)$$

在碱性条件下，感应铁电极发生铁絮凝作用，在电场力的作用下，大量铁絮体包裹着有机物一起沉降，同样可以达到高效去除垃圾渗滤液中有机物的目的。新型电化学系统作用机理如图 7—1 所示。

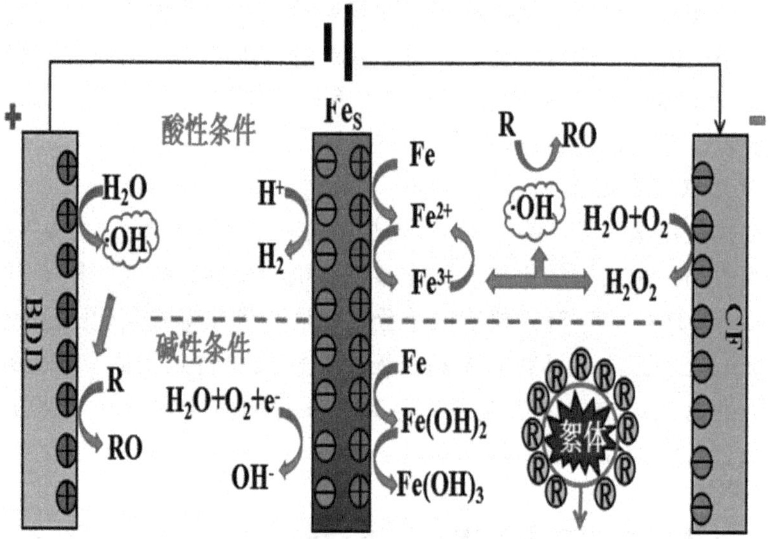

图 7—1 新型电化学系统作用机理图

Figure7—1 The action mechanism of new electrochemical system.

为探究新型电化学系统深度处理垃圾渗滤液生化出水的最佳实验条件，本研究选用响应曲面（Response surface methodology，RSM）分析 Box-Behnken 设计法（BBD），考察电流密度、电解时间、pH 值三个因素对垃圾渗滤液中 COD 及氨氮去除率的影响，并拟合自变量和响应值之间的函数关系，期望为新型电化学系统深度处理垃圾渗滤液生化出水的工业化应用提供理论依据。

7.3.1 实验部分

主要试剂及仪器：硫酸、重铬酸钾、磷酸氢二钠、邻菲罗啉、二氯甲烷、硫代硫酸钠、氢氧化钠等化学试剂均为分析纯（国药集团化学试剂有限公司），试验用水均为电阻率 > 18 MΩ 的超纯水。PHS-25 台式 pH 值酸碱度检测仪（上海雷磁），571 -1 COD 消解仪（上海精科），HI96715 便携式氨氮测定仪（意大利哈纳）。

实验装置及流程：垃圾渗滤液取自北京市阿苏卫垃圾填埋场，试验用渗滤液为经 MBR 工艺的出水，经水质分析知，渗滤液 pH 为 6.8—7.3，其 COD 均值为 2464 $mg \cdot L^{-1}$，氨氮均值为 154.4 $mg \cdot L^{-1}$。电化学反应器主要由直流电源（电源电压可调范围为 0—35V）、电解反应室（容量为 500mL）、阴阳极板和感应电极构成。电解在一个单室反应器中恒电流条件下进行，取垃圾渗滤液 MBR 出水体积为 250mL，反应器置于磁力搅拌器上，反应过程中磁力搅拌子持续旋转搅拌保证溶液混合均匀。规格为 20 mm × 20 mm × 1 mm 的掺硼金刚石膜电极（BDD）作为阳极板，相同有效面积的碳毡材料作为阴极板，另外在阴阳极板间插入相同规格的感应铁电极（20 mm × 20 mm × 1 mm），其材质为 A3 型低碳钢，电极板间距保持为 10mm。

水样分析：对垃圾渗滤液处理前后 COD 及氨氮含量进行测定，其 COD 利用 HJ 828—2017《水质　化学需氧量的测定　重铬酸盐法》测定，氨氮含量用氨氮测定仪测定，由于垃圾渗滤液处理过程中 COD 及氨氮浓度均较高，因此测定前利用稀释法对待测样品进行处理。

响应曲面法实验设计：本研究利用 Box-Behnken 设计法对影响垃圾渗滤液 COD 及氨氮去除率的电流密度、电解时间和 pH 三个因素进行优化，分别用 A，B，C 表示，并用响应曲面回归拟合，预测最佳条件，运用 ANOVA 对拟合数据进行回归、显著性和方差分析。实验中各量变化范围如下：电流密度 0.06—0.1 $A \cdot cm^{-2}$，电解时间 3 h—9 h，pH 3—9。分设高（+1）、中（0）、低（-1）三个水平研究，各影响因子水平及编码见表 7—3。

表 7—3　基于 Box-Behnken 方法的影响因子水平及编码

Table 7—3　Level and code of experimental variables based on Box-Behnken

影响因子（Variables）	单位（Units）	编码及水平（Codes and levels）		
		-1	0	1
A · 电流密度（Current density）	$A \cdot cm^{-2}$	0.06	0.08	0.1
B · 电解时间（Electrolytic time）	h	3	6	9
C · pH 值 pH（value）	–	3	7	11

7.3.2 结果与讨论

实验中心点为五个，共进行17组实验，采用Design-Expert（8.0.6）对实验数据进行分析，实验方案及结果如表7—4所示。

表7—4 实验方案及结果

Table 7—4 Experimental design and results

编号 (Number)	电流密度 (Current density) ($A\cdot cm^{-2}$)	电解时间 (Electrolytic time) (h)	pH	COD去除率 (COD removal efficiency) (%)	氨氮去除率 (Ammonia nitrogen removal efficiency) (%)
1	0.08	9.00	3.00	70.01	80.14
2	0.1	3.00	7.00	46.8	45.09
3	0.06	6.00	3.00	48.09	50.42
4	0.08	6.00	7.00	53.29	64.53
5	0.08	6.00	7.00	55.24	63.98
6	0.08	6.00	7.00	54.7	64.7
7	0.08	6.00	7.00	55.83	65.29
8	0.08	6.00	7.00	57.52	67.3
9	0.1	6.00	3.00	63.29	75.26
10	0.08	9.00	11.00	72.38	91.2
11	0.06	3.00	7.00	36.67	36.89
12	0.08	3.00	11.00	46.33	45.02
13	0.06	9.00	7.00	60.17	63.58
14	0.08	3.00	3.00	41.95	41.27
15	0.1	9.00	7.00	76.9	85.2
16	0.1	6.00	11.00	67.42	83.4
17	0.06	6.00	11.00	52.28	58.9

Y_1 方差分析结果如表7—5所示。

表 7—5 Y_1 方差分析

Table 7—5 ANOVA test for response function Y_1

来源 (Source)	平方和 (Sum of squares)	自由度 (Degree of freedom)	均方 (Mean square)	F 值 (F ratio)	Prob > F
Model	1925. 66	9	213. 96	130. 62	< 0. 0001
A-电流密度	408. 98	1	408. 98	249. 68	< 0. 0001
B-电解时间	1450. 18	1	1450. 18	885. 32	< 0. 0001
C-pH 值	28. 39	1	28. 39	17. 33	0. 0042
AB	10. 89	1	10. 89	6. 65	0. 0366
AC	0. 0009	1	0. 0009	0. 0005	0. 9820
BC	1. 01	1	1. 01	0. 62	0. 4581
A^2	0. 006487	1	0. 006487	0. 003960	0. 9516
B^2	0. 085	1	0. 085	0. 052	0. 8267
C^2	26. 17	1	26. 17	15. 98	0. 0052

根据方差分析结果可知，三个因素作用效果显著，其影响程度依次为：电解时间 > 电流密度 > pH 值。由此可见，运用新型电化学系统深度处理垃圾渗滤液生化出水时需严格控制电解时间，这是确保 COD 得到有效去除的关键。模型 Prod > F 的值小于 0. 0001，表明回归效果较好。

图 7—2 显示各因素对 COD 去除率的联合影响的响应曲面，由图可知，COD 去除率与电解时间和电流密度几乎呈线性正相关，随 pH 增加呈现平缓的先减后增趋势，酸性和碱性条件下的去除率均高于中性条件下，这是由于在新型电化学系统中，酸性条件下感应铁电极诱发的芬顿反应可以产生更多的羟基自由基，从而增强整个系统的氧化能力，矿化垃圾渗滤液中的有机组分，得到较高的 COD 去除率；而在碱性条件下，感应铁电极发生的絮凝作用，使废水中的大部分有机物与铁絮体经聚合沉降而去除。故 COD 的去除率在酸性和碱性条件下均高于中性条件下。由此可见，电流密度、电解时间与 pH 值之间存在最优匹配值，合适的试验条件可以最大限度地提高 COD 的去除率。

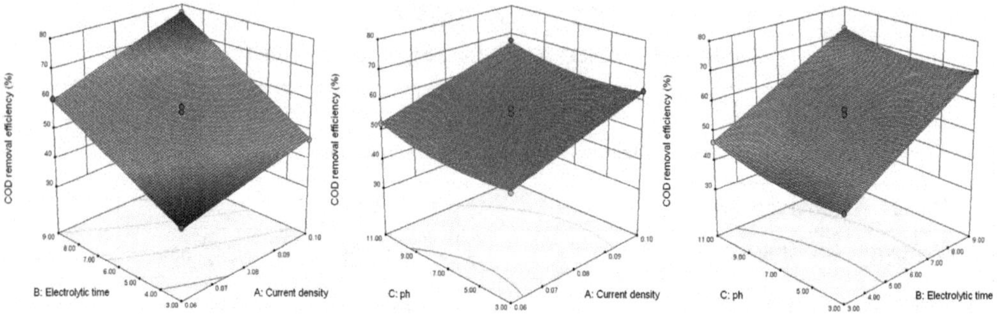

图 7—2 电解时间、电流密度与 pH 值对 COD 去除率影响的响应曲面

Figure 7—2 Response surface plots of the combined effect of current density, electrolysis times and pH on COD removal efficiencies

Y_2 方差分析结果如表 7—6 所示。

表 7—6 Y_2 方差分析

Table 7—6 ANOVA test for response function Y_2

来源 (Source)	平方和 (Sum of squares)	自由度 (Degree of freedom)	均方 (Mean square)	F 值 (F ratio)	Prob > F
Model	4048. 02	9	449. 78	32. 70	<0. 0001
A-电流密度	783. 29	1	783. 29	56. 96	0. 0001
B-电解时间	2882. 30	1	2882. 30	209. 58	<0. 0001
C-pH 值	123. 48	1	123. 48	8. 98	0. 0200
AB	45. 02	1	45. 02	3. 27	0. 1133
AC	0. 029	1	0. 029	0. 002101	0. 9647
BC	13. 36	1	13. 36	0. 97	0. 3572
A^2	25. 09	1	25. 09	1. 82	0. 2188
B^2	106. 48	1	106. 48	7. 74	0. 0272
C^2	77. 00	1	77. 00	5. 60	0. 0499

根据方差分析结果可知，三个因素作用效果显著且其影响程度顺序与上述 Y_1 结果一致，模型回归效果较好。

图 7—3 显示各因素对氨氮去除率的联合影响的响应曲面，与 COD 去除规律

相类似，氨氮的去除率也随电解时间和电流密度的增加而增加，相比 COD，氨氮随 pH 增加呈现先减后增的趋势更为明显，且碱性条件下的氨氮去除率明显高于酸性条件下，这归因于在电化学氧化过程中垃圾渗滤液中高浓度 Cl^- 在阳极被氧化产生大量氧化性物质，如氯气、次氯酸和次氯酸盐等，这在一定程度上对氨氮的去除起着积极作用，在碱性条件下更易发生 $Cl^- \rightarrow Cl_2 \rightarrow OCl^- \rightarrow Cl^-$ 循环，从而使 Cl^- 得到有效利用。从总体来看，氨氮的去除率略高于 COD 的去除率，这主要是由于两者的去除机理不同，在电化学系统中，COD 和氨氮的去除呈现竞争关系，当间接氧化作用占主导时，氨氮去除效果更为显著，反之，当直接氧化占优势时，COD 的去除更为有效。就本研究而言，在新型电化学系统中，间接氧化作用占主导，因此氨氮较 COD 更加容易被去除。

以电流密度、电解时间和 pH 作为自变量，以 COD 及氨氮去除率作为因变量拟合数学模型，Y_1 代表 COD 去除率，Y_2 代表氨氮去除率，X_1、X_2、X_3 分别代表电流密度、电解时间和 pH，建立模型如下，其相关统计标准值见表 7.7。

$$Y_1 = 14.26877 + 209.5125X_1 + 2.77004X_2 - 1.44441X_3 + 27.5X_1X_2 - 0.1875X_1X_3 - 0.041875X_2X_3 - 98.125X_1^2 - 0.01575X_2^2 + 0.15583X_3^2$$

$$Y_2 = -32.69555 + 1143.1875X_1 + 7.49271X_2 - 3.58828X_3 + 55.91667X_1X_2 - 1.0625X_1X_3 + 0.15229X_2X_3 - 6103.125X_1^2 - 0.55875X_2^2 + 0.26727X_3^2$$

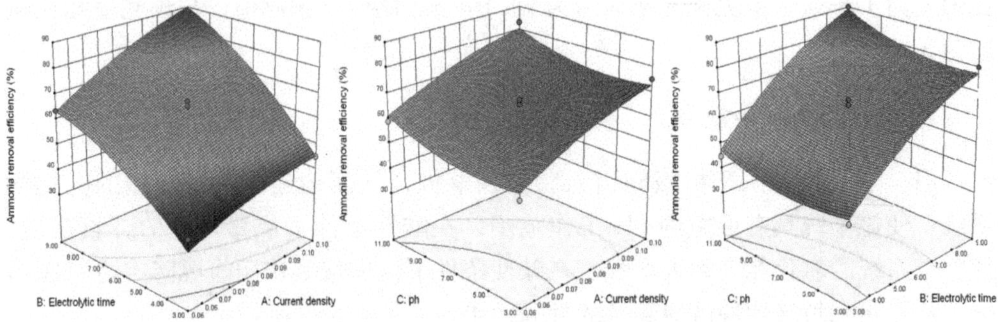

图 7—3　电解时间、电流密度与 pH 值对氨氮去除率影响的响应曲面

Figure 7—3　Response surface plots of the combined effect of current density, electrolysis times and pH on ammonia removal efficiencies.

表 7—7 模型的相关统计标准值

Table 7—7 The related statistical criteria values of models

模型 Model	R^2	Adj R^2	Pre R^2	*AP*	*SD*	*CV*	*PRESS*
Y_1	0.9941	0.9865	0.9769	42.000	1.28	2.27	44.69
Y_2	0.9768	0.9469	0.6513	20.305	3.71	5.83	1445.05

注：R^2: Determination coefficient 相关系数，Adj R^2: Adjusted R^2 修订后的相关系数，*AP*：Adequate precision 预测的相关系数，*SD*：Standard deviation 标准偏差，*CV*：Coefficient of variation 变异系数，*PRESS*：Predicted residual error sum of squares 预测平均误差和。

模型具有较高的 R^2（0.97—0.99）和 Adj R^2（0.94—0.98），说明实验值与模型预测值有较高的契合度。模型偏差 *SD* 与 *CV* 较小，Pre R^2 和 *AP* 值较高，这显示出模型具有良好的预测能力，因此可将该模型用于新型电化学系统深度处理垃圾渗滤液生化出水实验条件的优化以及实验结果的预测。

其中 $0.06 \leqslant X_1 \leqslant 0.1$，$3 \leqslant X_2 \leqslant 9$，$3 \leqslant X_3 \leqslant 11$。模型预测 COD 最大去除率为 79.46 %，氨氮最大去除率为 97.82 %，最优运行条件为电流密度 0.1 $A \cdot cm^{-2}$，电解时间 8.86 h，pH 为 10.86。为了验证预测结果，在上述最优条件下进行 3 组垃圾渗滤液处理实验，COD 去除率均值为 78.03 %，略低于预测值，与预测值相比偏差为 1.8 %；氨氮去除率均值为 94.16 %，略低于预测值，与预测值相比偏差为 3.7 %。

7.3.3 结论和建议

（1）本研究在阴阳极板间引入感应铁电极，从而构建出一种新型的电化学系统，使该系统具有更宽的 pH 工作范围，在酸性条件下依靠自发的芬顿反应，使整个系统的氧化能力大大增强。在碱性条件下依靠絮凝作用，沉降有毒有害组分，从而达到垃圾渗滤液更高效的处理效果。

（2）采用响应曲面法中的 Box-Behnken 设计法，对电流密度、电解时间、pH 值三因素的影响大小进行分析，发现电解时间对 COD 及氨氮去除率的影响最大，三因素对响应值的影响存在交互作用，并利用响应曲面明确探究了三因素之间的交互作用影响情况。

（3）对模型的显著性进行分析，得到优化的最佳实验条件为：电流密度 0.1 $A \cdot cm^{-2}$，电解时间 8.86 h，pH 为 10.86，在该条件下进行实验，COD 去除率达

78.03%，氨氮去除率达94.16%，与模型预测结果非常接近。因此，利用响应曲面法对实验条件进行优化，可获得最优参数，从而为新型电化学系统深度处理垃圾渗滤液生化出水的工业应用提供借鉴意义。

7.4 结论

作为难降解的废水之一，垃圾渗滤液的高效生物处理技术和催化处理技术将是研究的重点，特别是生物处理技术中的菌类的选育和催化处理技术中的光、电催化技术都是重要的研究方向。在选择垃圾渗滤液的处理工艺时，考虑到渗滤液水质的复杂性和特殊性，需因地制宜，生物与物化的组合方式是处理垃圾渗滤液的有效手段。在有条件的情况下，通过模拟实验来取得可靠的优化工艺参数，对处理工艺的技术可行性、经济性起着实践指导作用。目前，我国城市垃圾渗滤液处理技术的研究仍处于起步阶段，对处理工艺、建设标准化的城市垃圾填埋场渗滤液处理的设计及运行参数等都还有待于进一步探索。

第八章　新型碳材料在水处理中的应用

8.1　引　言

近年来，碳纳米技术的研究相当活跃，多种多样的纳米碳结晶、针状、棒状、桶状等层出不穷。2000 年德国和美国科学家还制备出由 20 个碳原子组成的空心笼状分子。根据理论推算，包含 20 个碳原子仅是由正五边形构成的，C_{60}分子是富勒烯式结构分子中最小的一种，考虑到原子间结合的角度、力度等问题，人们一直认为这类分子很不稳定，难以存在。德国、美国科学家制出了 C_{60}笼状分子为材料学领域解决了一个重要的问题。碳纳米材料中纳米碳纤维、纳米碳管等新型碳材料具有许多优异的物理和化学特性，被广泛地应用于诸多领域。

8.2　石墨烯的作用

8.2.1　石墨烯的性能

石墨烯（graphene）是新型二维碳纳米材料，其能隙为零，与碳纳米管（CNTs）和富勒烯（C_{60}）相比，石墨烯有更大的比表面积（2630 $m^2 \cdot g^{-1}$）、高化学稳定性以及更为优异的电子传导性能（$2 \times 105 cm^2 \cdot V^{-1} \cdot s^{-1}$）。研究表明，石墨烯可以作为电子传递介质提高半导体中光生电子的迁移速率，降低载流子的复合几率，提高太阳能电池的光电转化效率。将石墨烯与半导体光催化剂复合，利用石墨烯规整的二维平面结构作为光催化剂的载体，一方面可以提高催化剂的分散程度，另一方面可加快光生电荷迁移的速率，提高复合材料的光催化活性。

有学者采用水热法合成了 P25-石墨烯（P25-G）复合材料，发现石墨烯的引入不仅能增强复合材料对亚甲基蓝的吸附性能，而且将光响应范围拓展至可见光区；同时，石墨烯作为电子受体抑制了复合体系光生电子—空穴的复合，从而增强了复合材料的光催化性能，使其表现出优于 P25-CNTs 的光催化性能。另有学者对 TiO_2 与石墨烯间的电子传递机制进行了系统的研究，进一步证实了石墨烯作为电子“受体”储存电子和作为“导线”转移电子的功能。在半导体光电转化和光催化过程中，促进半导体光生电子—空穴分离是石墨烯的主要作用，该作用在光电转化、光催化降解污染物方面发挥着重要的作用。

8.2.2　石墨烯的应用

（1）光解水制氢

有学者采用溶胶—凝胶法制备了 TiO_2/石墨烯复合材料，其在紫外—可见光条件下光解水制氢活性是 P25 的 2 倍。采用光催化还原法制备了 $BiVO_4$/石墨烯光催化材料，在外加偏压条件下（0.8V），以 $BiVO_4$/石墨烯为光电极时，光电池可稳定地分解水产生 H_2 和 O_2 而以 $BiVO_4$ 为光电极时，无 H_2 和 O_2 产生。光电化学性能的研究表明，石墨烯的加入不仅提高了激发 $BiVO_4$ 所产生电子的寿命，降低了光生电子—空穴的复合概率，而且也增加 $BiVO_4$ 与导电基底的接触面积，从而提高了光电池光电转化和光催化反应的效率。但以上研究的体系只能在紫外光下或外加电场下工作，从利用太阳能的角度出发，开发可见光响应的半导体/石墨烯复合光催化材料将具有更大的应用前景。以氧化石墨烯分散液和 CdS 为反应原料，在可见光条件下，利用 CdS 光催化还原的方法制备 CdS/石墨烯复合材料。利用多种技术手段对复合材料的结构和光电性能进行表征，研究复合材料在可见光下光催化分解水产氢性能，并与 CdS 进行对比分析，期望通过石墨烯的引入提高复合材料光生载流子的分离效率，增强 CdS 在可见光下光催化分解水产氢的效率。

（2）增强电极导电性

燃料电池是一种将化学能直接连续转化为电能的发电装置。燃料电池的阴极氧化还原性能是燃料电池的重要指标，而电极材料的催化效率决定了电池的性能。目前最常用的电催化材料是 Pt-C 催化剂。由于碳材料容易被腐蚀，附着着的贵金属会随着材料的腐蚀而流失或团聚成大颗粒，从而降低材料的催化性能，因此需要一种性能稳定的非碳载体来取代催化剂中的碳载体。过渡金属氧化物如 TiO_2，SnO_2，WO_3 和 CeO_2 等因其化学稳定性及抗腐蚀等特点而备受关注。在诸多材料中，TiO_2 是性能最为优良的载体。研究证明，TiO_2 与金属之间的强烈作用会增强载体材料的电化学性能。B. Ruizcamacho 等研究证明，Pt-TiO_2 复合材料比 Pt-C 复合材料具有更大的活性比表面积，因而具有更高的电催化活性。研究还发现，TiO_2 与金属 Pt 之间强烈的相互作用能增强氧化还原过程中材料的电催化性能。由于 TiO_2 的导电性较差，以往通常在 TiO_2 材料中掺入碳材料以增强导电性能。石墨烯因其平面单层原子的特点和二维蜂窝正六边形结构性能而具有许多独特的电化学性能。

（3）**电吸附脱盐**

早期的电吸附研究也以追溯到 20 世纪 60 年代中期，有学者就已经提出了电吸附的概念。Candle 使用多孔的活性炭作为吸附电极，采用了让水溶液从电极中流过的方式进行海水的脱盐淡化实验。在 20 世纪 70 年代的时候，Johnson 等做了进一步的研究，他们通过验证理论基础、参数测量以及各种电极材料的尝试，证明了二价离子会优先被吸附到电极上。到了 20 世纪 80 年代，人们开始使用活性炭电极进行脱盐水处理方面的研究，利用两片活性炭电极，一片作为阳极另一片作为阴极，利用两者之间的空隙来吸附溶液中的离子。如今，电吸附科学已在科学研究、工业化和应用等多个领域成为一门快速发展的学科。

电吸附脱盐常选用导电的多孔材料作为电极材料，当含有盐离子的水溶液从两片相对的施加了电压的电极中间流过时，由于电场的作用，阳离子向阴极电极方向移动，阴离子向阳极电极方向移动，使得水溶液中的盐离子被吸附在电极材料的孔隙中形成双电层，从而降低了水溶液中的含盐率，实现了水的脱盐和净化，得到了相对纯净的水。当把电极短接或者反接时，被吸附在电极材料空隙中的盐离子又可以从电极材料上脱附下来，进入到水溶液中，进而实现了电极的再生。

理论上，在任何电解液与固体电极的界面都存在着一个富集了过量电荷，然而整个界面却保持电中性的区域，界面的两边都能携带过量的相反电荷，我们称之为双电层。双电层原理目前被广泛认为是电吸附的基本原理（图 8—1）。早在 1879 年亥姆霍兹就提出了第一个电极/电解液界面模型，该模型经过逐步发展，到 1924 年斯特恩提出了 Gouy-Chapman-Stern 双电层模型。根据 Gouy-Chapman-Stern 双电层模型，在电极和水溶液的界面上形成的双电层由两部分组成，一部分是离子由于电性吸引从而和电极材料表面紧密接触构成的紧密层，又被称作亥姆霍兹层（Helmholtz plane），其厚度约为 1nm。外层离子则构成扩散层，其厚度约为几十到 100 纳米。

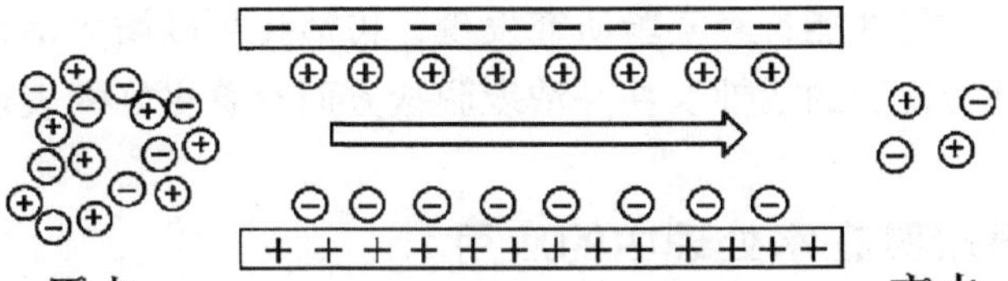

图 8—1　电吸附的基本原理

Figure 8—1　Schematic of electrosorption

电极材料是影响电吸附脱盐的关键部分，电极材料的好坏对电吸附脱盐效果有着至关重要的影响。自从电吸附的概念被提出，人们就开始尝试使用不同的电极材料进行电吸附脱盐研究。研究发现，多孔导电材料由于其本身具有较好的导电性以及较高的比表面积非常适宜用作电吸附的电极材料。多孔导电材料的高比表面积可以储存更多的离子，而其自身良好的导电性可以有效地提高离子的传输速率。目前，常用的多孔导电材料主要是多孔炭材料，主要包括活性炭、炭气凝胶、碳纳米管、活性碳纤维石墨烯复合材料以及其他新型材料等。

8.3　活性碳在水处理中的应用

活性炭是一种传统的吸附材料，其具有比表面积较大，导电性能优良，化学性质稳定的特点，非常适合作为吸附材料。其制备原料广泛，几乎所有富含碳的有机材料都可以作为制备活性炭的原料，例如椰壳、果壳、木材以及煤、煤焦油等。这些含碳材料在高温和高压作用下发生热解作用，转化成活性炭。在此过程中，逐渐形成了活性炭巨大的比表面积和复杂的空隙结构。由于活性炭的制备已实现了大规模工业化，因此其价格较为低廉，在工业及生活中有着广泛的应用。虽然活性炭的比表面积较大，但是其孔径大都为微孔，在电吸附的过程中不利于双电层的形成，因此一些国内外的研究人员正在研究通过改善活性炭孔径来提高活性炭电吸附效率的方法。Linda Zou 等使用活性炭作为原料，分别通过使用 KOH 活化、负载纳米 TiO_2 的方法对活性炭进行表面改性，并对改性后的活性炭的比表面积和孔径分布进行了分析及电吸附脱盐性能测试。从其实验中可以发现，虽然经活化后的活性炭的比表面积有所下降，但是其电吸附的脱盐量得到了提升，提高了电吸附的效率。代凯等使用通过不同工艺制备的活性炭作为电极材料，其分别通过酸处理和再活化的方式处理活性炭，然后将处理后的活性炭制作成电极片测试电吸附性能，经实验研究发现，再活化可以增大活性炭的比表面积和孔容，并且再活化后的活性炭在高浓度脱盐方面有着更好的表现。

8.4 炭气凝胶在水处理中的应用

炭气凝胶是由有机气凝胶经高温碳化后形成的一种具有三维网状结构的纳米级炭材料。炭气凝胶具有比表面积大，空隙多、密度小等特点，而且其孔径大小多在2—50 nm，是一种典型的介孔材料。经过多年的研究，已可以通过控制催化剂用量、碳化温度等反应条件制备出比表面积、孔径分布可控的炭气凝胶。炭气凝胶在电吸附脱盐方面的应用研究最早是由美国劳伦斯利富莫尔实验室的研究员 Pekala 和 Farmer 等展开的。Farmer 等通过将炭气凝胶电极串联起来，组装了一种新型的电吸附模块并分别使用一定浓度的 NaCl 和 $NaNO_3$ 作为待处理溶液进行电吸附实验。经过实验发现溶液中盐分的去除率可达到 95%。Gabelich 等以炭气凝胶为吸附材料研究了当水溶液中存在多种离子的情况下，离子的去除率以及炭气凝胶电极的选择吸附性。实验结果发现离子的选择吸附是与离子的水合半径紧密相关的，拥有较小水合离子半径的单价离子会先被吸附到电极上。实验还发现，虽然电吸附脱盐在理论上是双电层吸附，但是最终的实验结果却与 Langmuir 吸附等温线相吻合，证明其吸附是单层吸附。

8.5 碳纳米管在环境领域的研究进展

碳纳米管是在 1991 年由日本 NEC 公司基础实验室的饭岛发现的，碳纳米管在微观结构上属于理想的一维材料，其具有良好的导电性和化学稳定性，是一种新型的纳米材料。其微观结构如图 8—2 所示。

Shuo Wang 等以碳纳米管为电吸附材料制备电极片，以不同浓度的 NaCl 溶液作为待处理溶液测试了在不同电压下碳纳米管的电吸附性能，并对其吸附等温线及吸附机理进行了讨论。实验证明，在 1. 2V 电压下碳纳米管的吸附性能是不加电压时的八倍，吸附效率提高了 58. 9 %，而且其吸附等温线符合 Langmuir 吸附等温线。Chunyang Nie 等在含有碳纳米管的聚丙烯酸水溶液中利用电泳沉积的方法制备出了碳纳米管和聚丙烯酸的复合物薄膜，然后将这种新材料应用到电吸附的研究中，实验发现，这种电吸附电极对 NaCl 的去除率达到 83%。吸附性能比单纯使用碳纳米管增加了51%，而且具有优秀的再生能力。

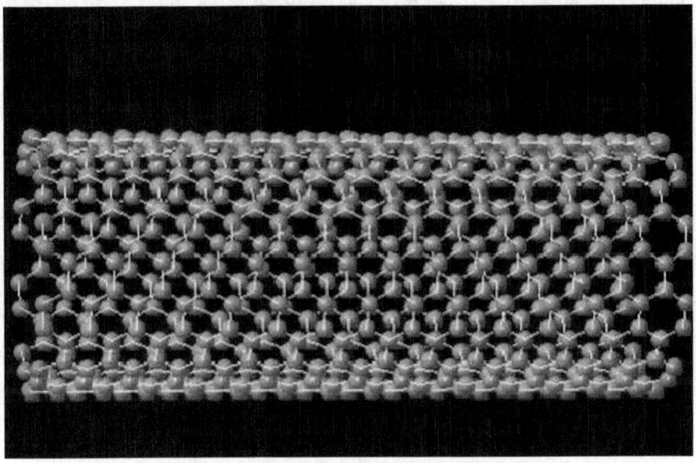

图8—2　碳纳米管的微观结构

Figure 8—2　Microstructure of carbon nanotube

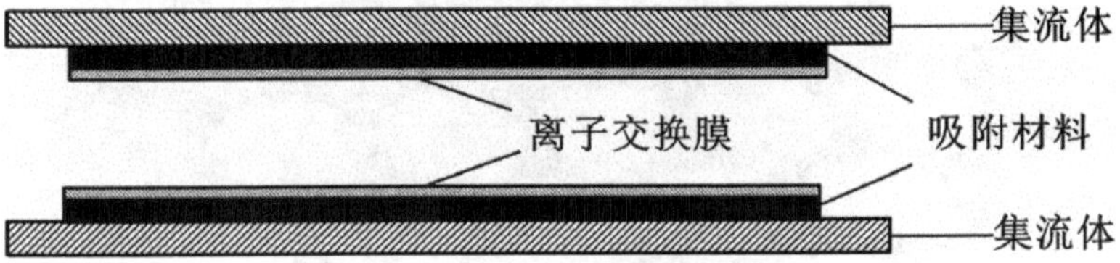

图8—3　离子交换膜电极示意图

Figure 8—3　Schematic diagram of ions exchange membrane electrode

8.6　活性碳纤维在水处理中的应用

活性碳纤维兴起于20世纪70年代，与粉末状的活性炭相比，活性碳纤维的外比表面积更大，与被吸附物的接触范围更大，吸脱附速率快。其孔径分布较窄，而且主要以微孔为主。活性碳纤维的直径一般在10μm到13μm之间，可以根据要求制作成活性碳纤维布、纸等不同的形态。

Huang等人选用了四种不同比表面积的活性碳纤维作为电吸附材料进行盐分吸附量、电荷转移以及在电极的微孔中形成的双电层的充电效率等方面的研究。

研究发现，活性碳纤维的物理吸附量随着活性碳纤维比表面积的增大而增大，但是比表面积最大的两种活性碳纤维的电吸附量却是最小的。实验结果显示双电层的充电效率是影响活性碳纤维的重要因素，双电层充电效率最高的活性碳纤维的电吸附脱盐量也是最高的。由于活性碳纤维的结构以微孔为主，在电吸附时不利于双电层的形成，人们开始研究通过对其改性改善其孔径分布。

Zhan 等人利用化学沉积法，将碳纳米管沉积到活性碳纤维上对活性碳纤维进行改性，并研究了不同的沉积时间对改性效果的影响。通过研究发现，改性后的新材料虽然比表面积减小，但是平均孔径增大，吸附量得到了提升。从其实验中还可以看到高的比电容，更合适的中孔结构容易获得更好的电吸附效果。

石墨烯与富勒烯、金刚石一样，属于碳的一种同素异形体，其原子结构与常见的石墨类似，碳原子呈六角形蜂巢晶格状排列，其结构如图 8—4：

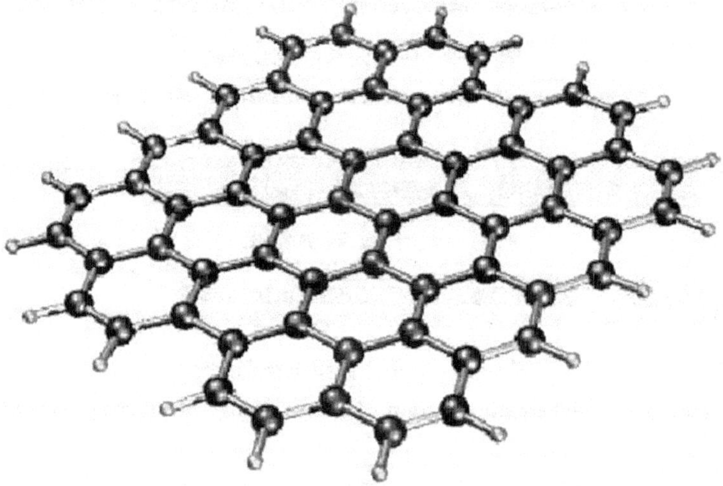

图 8—4　单层石墨烯的理想结构

Figure 8—4　Idealized structure of a single grapheme sheet

石墨烯自从 2004 年被发现以来，关于石墨烯的研究一跃成了最热门的课题。石墨烯虽然是一种二维材料，但是理论上其比表面积可达到 $2600m^2 \cdot g^{-1}$，同时石墨烯还有优异的导电性，其常温下的电导率可达到 7200S/m。石墨烯的这些优异性能使其成为储能装置的理想材料。然而在实际的制备过程中，人们发现石墨烯的比表面积并没有理论上那么大，这是由于在石墨烯的制备过程中石墨烯的片层又叠加到了一起，不能形成单层的石墨烯。因此人们开展了石墨烯复合材料制备方面的研究，并将这些复合材料应用到了电吸附脱盐水处理中。

Zh. Sui 等介绍了一种绿色合成石墨烯—碳纳米管超轻纳米复合材料的方法。其将分散好的石墨烯与碳纳米管混合后加入维生素 C 制得了石墨烯—碳纳米管的水凝胶，水凝胶经过 CO_2 超临界干燥得到了石墨烯碳纳米管的超轻纳米复合材料。研究者将制得的复合材料应用到有机染料、重金属离子去除以及电吸附脱盐方面，取得了极佳的吸附效果。D. Zhang 等首次采用直接三段式模板聚合法制备出了石墨烯/中孔碳的复合材料，并且还研究了石墨烯掺杂量的不同对材料组织结构以及电化学性能的影响。通过 TEM 测试及氮气吸脱附测试发现复合材料不但保留了原来中孔碳的中孔结构而且石墨烯的加入还增大了材料的比表面积和平均孔径。将该石墨烯—中孔碳复合材料应用到电吸附实验后取得了良好的吸附效果。Zhuo Wang 等人使用间苯二酚、甲醛以及氧化石墨烯制备了功能化的石墨烯复合材料，并将该材料应用到了去除水中 $FeCl_3$ 的研究中。实验发现石墨烯复合材料在待处理溶液浓度为 40mg · L^{-1}时的单位吸附量为 3.47g · g^{-1}，高于活性炭以及石墨烯的吸附量。其认为间苯二酚和甲醛的加入形成酚醛树脂限制了石墨烯的聚集，从而形成了较大的比表面积和孔径。

8.7　其他新型碳材料的应用

Juan Yang 等利用层沉积法制备了碳纳米管和 MnO 的复合物。其实验中先将碳纳米管均匀分散在聚磺苯乙烯溶液中使得聚磺苯乙烯能将碳纳米管包裹住，从而形成一层负电层。然后再向溶液中加入 $MnSO_4$，这样 Mn^{2+} 就会被吸附到碳纳米管表面，经过氧化得到了碳纳米管、聚磺苯乙烯和 MnO_2 的复合物。将该复合材料进行电吸附相关测试后发现，盐分的去除效率可以达到96.8%，吸附量可以达到 80.4μmol · g^{-1}。S. Porada 等制备了一种可调孔径尺寸，具有亚纳米级结构的碳化物衍生炭材料，将其制作成电吸附电极后测试其电吸附性能，并与具有微孔结构的活性炭的电吸附性能进行了比较。实验发现该种材料具有优异的电吸附性能，在电压 1.2 V—1.4 V 时吸附效果最好。在传统的电吸附装置中，溶液都是从两片相对电极中间的空隙中流过的，而 Matthew 等发明了一种溶液从极板中（flow-through eletrode）流过吸附盐离子的装置，该装置能够大大缩短电吸附的时间而且有更高的吸附效率。当使用 70mM 的 NaCl 溶液作为待处理溶液时，单位吸附量可以达到 1mg · g^{-1}，是传统装置的 4—10 倍。

第九章　结　论

9.1　主要结论

本书立足于以 BDD 电极为阳极的电化学氧化系统，研究了有机物在电极表面的去除机理，提高电流效率的手段以及吸附—电化学再生工艺在提高电化学设备处理水量方面的可行性，主要结论如下：

（1）有机物在 BDD 表面氧化去除的机理

以含氮杂环化合物为代表污染物，选取了五种结构类似所含氮原子数目与位置不同的含氮杂环化合物，研究它们在 BDD 阳极表面的去除效果。实验结果表明电解过程中物质本身和 COD 去除效果均较好。为了验证具有强氧化性的 · OH 为 BDD 电极系统的主要氧化剂，利用 · OH 亲电反应的特质，通过 PM3 的量子化学方法计算得到了五种分子上各个原子的电子云密度，综合考虑电子密度以及空间位阻的影响确定了五种物质的反应活性位点。通过中间产物分析，确定了各个分子上优先反应的位置，印证了理论识别的反应活性位点的准确性。在大量描述分子特征的量子化学参数中，发现离域能与物质降解拟一级动力学常数之间线性相关性最好，相关系数为 0.971，表明在具有共轭系统的分子中，电子通过共轭系统可以进行迁移，并在反应活性位点积聚，其迁移和积聚的能力可以用离域能衡量，因此物质的降解速率常数与离域能的大小呈现良好的线性关系。这一规律可以用于表征具有共轭系统的物质在 BDD 电极表面去除的难易程度。

（2）利用新型供电模式提高电流效率

电化学氧化法较高的处理成本一直以来是制约其在实际中广泛应用的瓶颈，本书的研究从供电模式入手，根据反应中污染物降解特性将新开发的指数衰减供电模式应用到电化学氧化系统中。研究中利用苯酚模拟废水作为处理对象，研究其在 BDD，PbO_2 和 SnO_2 电极系统中的降解情况。通过选取合适的初始条件可以将各个电极上的析氧副反应降至最低，使各个电极均达到可能的最高瞬时电流效率，在 BDD 电极上，最高的瞬时电流效率近似为 100%，PbO_2 和 SnO_2 电极最高瞬时电流效率为 23% 和 8.7%。通过将指数衰减供电模式应用至电化学反应全过程，使提供电流与反应所需电流相匹配，使降解过程中由于 COD 浓度下降引起的析氧反应加剧的现象得到了有效的抑制，从而使电解全过程中电流效率均可保持最高。以 BDD 电化学系统为例，采用响应曲面法，研究了指数衰减供电模式四个操作条件的影响以及相互作用。在最优的操作条件下，COD 的浓度在 3h 内从 500 $mg \cdot L^{-1}$ 降至达标排放。在此过程中，电流效率保持为 100%，并且单位 COD 去除的能量消耗仅为 17.2 $kWh \cdot kgCOD^{-1}$，相较于以往同条件恒电流条件能量消耗节省了近 73%，表明指数衰减的供电模式下的 BDD 电化学系统不仅是生物难降解有机废水高效的处理方法，而且处理成本适宜，具备极强的应用推广价值。

（3）电化学再生吸附饱和活性炭研究

虽然矿化效果优良，运行成本也降至一定水平，但电化学设备容积较小，处理水量受限依旧是其应用的缺陷。本书针对这一问题，提出吸附—电化学再生饱和活性炭工艺流程，并对其可行性进行了研究。通过对吸附饱和对硝基酚的活性炭在电化学系统中的再生研究发现，固定于阴极带有大量负电荷的活性炭颗粒对于对硝基酚电斥力作用是对硝基酚从活性炭表面脱附的主要机理。实验就电流强度、电解时间、支持电解质的浓度、流速和 pH 值对于活性炭在阴极再生的影响进行了系统的研究。再生循环五次后，活性炭依旧具有较好的再生率，表明材料实际应用的可行性。阳极材料通过影响对硝基酚氧化降解的中间产物间接影响活性炭的再生，各种电极材料中，BDD 电极为阳极时再生率最高。此外，通过衡算对硝基酚的去除速率发现，在电化学再生系统中对硝基酚的去除速率是普通电化学氧化系统的六倍，这主要是由于在阴极的活性炭颗粒表面有 H_2O_2 和 $\cdot OH$ 等强氧化性物质的生成，从而对于对硝基酚的去除起到了促进作用。最后借鉴以往有机物电化学氧化的研究，将指数衰减的供电模式应用到电化学再生系统中，发现同传统的直流再生条件相比，再生率并未受到太大的影响，而能量消耗却可以降为原来的 1/3。这些研究结果表明，相较于直接处理溶解于水中的有机物，先利用吸附材料将有机物进行浓缩吸附，再利用电化学方法处理吸附材料，可以使材料再生和有机物的去除同步实现，去除速率相较于以往直接处理废水的方式大大提升，从而可以有效解决电化学法处理容积受限的问题，使电化学法在实际水处理中应用的可行性进一步提高。

（4）PbO_2 电极具有优良的催化能力，在水处理方面应用前景广阔；但它也具有涂层易剥落，使用寿命受限等问题。本研究通过蜂窝状基底的制备，提高了表面涂层与基底的联结面积；通过添加中间层，有效延长了电极的使用寿命；通过镧元素的掺杂，有效改善了电极的晶型，使晶粒细小致密；氟离子的掺杂降低了电极表面的粗糙度。综合一系列的手段，制备得到的新型电极具有比表面积大，使用寿命长，催化性能优异等特点，有效推进了 PbO_2 电极在水处理方面的应用，体现了较强的推广应用价值。

（5）通过在传统的电化学系统中引入感应铁电极，构建出一种新型高效的电化学氧化系统，该系统具有更宽的 pH 工作范围，在酸性条件下依靠自发的芬顿反应，使整个系统的氧化能力大大增强，在碱性条件下依靠絮凝作用，沉降有毒有害组分，对于垃圾渗滤液生化出水处理效果明显，具有取代现有的膜处理工艺模块，在实际中广泛应用的可能。

9.2　研究展望

本书着眼于以 BDD 电极为阳极的电化学系统，深入研究污染物在电极表面被氧化去除的机理，提出一系列方案解决电化学法在实际应用中电流效率低和处理水量受限等问题。但所完成的工作有限，对于电化学技术依旧有很多可以继续研究和完善的地方。

（1）氧化机理的深入：作为电化学系统中重要的氧化剂，·OH 在生成之初与电极材料作用的强弱对于电极氧化能力的强弱影响较大。目前对于·OH 形态的区分研究较少，进一步对其进行分析对于揭示不同电极氧化能力的差异，深入了解电化学氧化机理有重要的意义。

（2）供电模式的研究：供电模式是电化学氧化过程中的重要影响因素，除了本研究中利用的指数衰减供电模式外，许多其他的供电模式如脉冲电流在电絮凝方面的优异作用也有待开发和研究。

（3）实际应用推广：采油废水中往往含有高浓度的氯离子，普通的生物化学方法很难处理，而氯离子在电化学系统中不仅可以充当电解质提高电导率，还可以被氧化为活性氯参与电化学氧化过程，利用电化学系统处理这类特殊水体具有极强的应用潜质。

（4）电极材料的修饰：BDD 电极较宽的电势窗口使其具备作为检测器的独到的优势，通过制备方法的改进可以获得比表面积较大的电极材料，利用化学沉积或溶胶凝胶沉积可以将半导体材料或有机分子修饰在电极表面，使其在光电协同以及污染物检测方面发挥特殊作用。

参考文献

崔成强，姚士冰：RuO_2 电极的析氧活性研究，化学学报，48，436－440，1990.

冯玉杰，崔玉虹，孙丽欣，刘峻峰，蔡伟民：电化学废水处理技术及高效电催化电极的研究与进展，哈尔滨工业大学学报，36，450－455，2004.

冯玉杰，沈宏等：钛基二氧化铅电催化电极的制备及电催化性能研究，分子催化，16，181－186，2002.

韩永忠，谌伟艳，陈金龙，张全兴：活性炭微波辅助溶剂再生研究，环境科学与技术，29，25－27，2006.

胡吉明，孟惠民等：制备条件对钛基 $IrO_2 + Ta_2O_5$ 涂层阳极性能的影响，金属学报，38，69－73，2002.

李晨曦，曾向东，张登峰，杨丽莉，范麦妮：改性活性炭在微波场中的升温行为，安全与环境学报，8，67－70，2008.

李惠民，邓兵杰，李晨曦：几种活性炭再生方法的特点，化工技术与开发，35，21－24，2006.

李文明，付大友，李红然：活性炭再生方法的分析和比较，广州化工，38，27－29，2010.

李增朝，马庆，郭万宝，朱志贞，王丽，李承斌：电化学法再生活性炭试验研究，供水技术，3，18－21，2009.

刘小波，林海波，孙智权，张恒彬，赵冰：$Ti/SnO_2 - Sb_2O_5$ 电极电催化降解苯胺和苯酚溶液的 UV－Vis 和 HPLC 研究，光谱学与光谱分析，26，1141－1144，2006.

盛怡，李光明，胡惠康，张芳，王华：有机废水电化学氧化阳极材料的研究进展，工业水处理，26，4－7，2006.

史艳华，孟惠民：IrO_2 基体上阳极电沉积 MnO_2 的电化学行为，物理化学学报，27，461－467，2011.

孙贤波，赵庆祥等：高级氧化法的特性及其应用，中国给水排水，18，33－35，2002.

唐玉霖，王三反，洪雷：电化学法再生颗粒活性炭的研究，净水技术，26，50－53，2007.

唐志红，朱文魁，马蓉，张双全，刘长城：活性炭再生技术，煤化工，32，43－46，2004.

田琳，孔强，任宗明，付荣恕，苗明升：活性炭和沸石对氨氮的吸附特性及生物再生，环境工程学报，6，3424－3428，2012.

王爱民，曲久辉等：电化学法去除有机污染物机理研究进展，环境污染治理技术与设备，3，10－13，2002.

王飞越，陈雁飞：有机物的结构—活性定量关系及其大环境化学的环境毒理学的应用，环境科学进展，2，26－52，1994.

王静，冯玉杰，刘正乾：稀土 Gd 掺杂对 SnO_2 电催化电极性能影响的研究，功能材料，36，877－880，2005.

王营茹，王莉：不同电极材料处理蒽醌蓝染料废水的比较，武汉工程大学学报，31，31－34，2009.

肖方竹：基于 DFT 与量子拓扑学的氯代二苯并呋喃 QSPR 研究，南华大学学报：自然科学版，26，73－78，2012.

闫鹤，于秀娟，王辉，汪权伟，李传宝，孙德智：Ti/RuO_2 电极电催化脱除罗丹明 B 色度的研究，环境保护科学，30，13－16，2004.

杨少霞，冯玉杰，蔡伟民，孙晓君，万家峰：CeO_2 对 $RuO_2/\gamma-Al_2O_3$ 催化剂湿式氧化降解苯酚性能的影响，材料工程，32－35，2003.

尤宏，崔玉虹，冯玉杰，刘峻峰，蔡伟民：钛基 Co 中间层 SnO_2 电催化电极的制备及性能研究，材料科学与工艺，12，230－233，2004.

张瑾，戴猷元：多氯联苯醚和多溴联苯醚理化性质的定量结构—性质关系研究，化学工程，40，42－47，2012.

张乐华，朱又春等：电解法在废水处理中的研究进展，水处理技术，28，253－255，2002.

张婷，李望良，唐煌，邢建民，刘会洲：生物再生—吸附剂再生新方法，化工学报，2145 – 2152，2009.

朱丽苹，郑忠兵，董洪文，张玲，赵文明，张博：活性炭的活性再生技术进展，气体净化，9，14 – 16，2009.

Alvarez-Guerra，E.，Dominguez-Ramos，A.，and Irabien，A.：Photovoltaic solar electro-oxidation（PSEO）process for wastewater treatment，Chem. Eng. J.，170，7 – 13，2011.

Amano，H.，Tsubota，T.，Murakami，N.，Ohno，T.，Sawada，S.，Suenaga，T.，and Nagahata，H.：Synthesis of electrical conductive diamond on BeCu alloy for electrical contact of test process in semiconductor fabrication，Diam. Relat. Mater.，24，195 – 200，2012.

An，T. C.，Zhang，W. B.，Xiao，X. M.，Sheng，G. Y.，Fu，J. M.，and Zhu，X. H.：Photoelectrocatalytic degradation of quinoline with a novel three-dimensional electrode-packed bed photocatalytic reactor，J. Photoch. Photobio. A，161，233 – 242，2004.

Andreozzi，R.，Caprio，V.，Insola，A.，and Longo，G.：Photochemical degradation of benzotriazole in aqueous solution，J. Chem. Technol. Biot.，73，93 – 98，1998.

Ansari，S. G.，Dar，M. A.，Kim，Y. S.，Seo，H. K.，Kim，G. S.，Wahab，R.，Ansari，Z. A.，Seo，J. M.，and Shin，H. S.：Influence of the silicon surface treatment by plasma etching and scratching on the nucleation of diamond grown in HFCVD-a comparative study，Korean J. Chem. Eng.，25，593 – 598，2008.

Bagastyo，A. Y.，Batstone，D. J.，Rabaey，K.，and Radjenovic，J.：Electrochemical oxidation of electrodialysed reverse osmosis concentrate on Ti/Pt-IrO_2，Ti/SnO_2-Sb and boron-doped diamond electrodes，Water Res.，47，242 – 250，2013.

Barbosa，D. C.，Nova，H.，and Baldan，M. R.：Numerical simulation of HFCVD process used for diamond growth，Braz. J. Phys.，36，313 – 316，2006.

Bejan，D.，Sagitova，F.，and Bunce，N. J.：Evaluation of electrolysis for oxidative deodorization of hog manure，J. Appl. Electrochem.，35，897 – 902，2005.

Berenguer，R.，Marco-Lozar，J. P.，Quijada，C.，Cazorla-Amoros，D.，and Morallon，E.：Comparison among Chemical，Thermal，and Electrochemical Regeneration of Phenol-Saturated Activated Carbon，Energ. Fuel，24，3366 – 3372，2010.

Berenguer, R. , Marco-Lozar, J. P. , Quijada, C. , Cazorla-Amoros, D. , and Morallon, E. : Electrochemical regeneration and porosity recovery of phenol-saturated granular activated carbon in an alkaline medium, Carbon, 48, 2734 –2745, 2010.

Berenquer, R. , Marco-Lozar, J. P. , Quijada, C. , Cazorla-Amoros, D. , and Morallon, E. : Effect of electrochemical treatments on the surface chemistry of activated carbon, Carbon, 47, 1018 –1027, 2009.

Bergmann, H. , Iourtchouk, T. , Schops, K. , and Bouzek, K. : New UV irradiation and direct electrolysis-promising methods for water disinfection, Chem Eng J, 85, 111 –117, 2002.

Borràs, N. , Arias, C. , Oliver, R. , and Brillas, E. : Mineralization of desmetryne by electrochemical advanced oxidation processes using a boron-doped diamond anode and an oxygen-diffusion cathode, Chemosphere, 85, 1167 –1175, 2011.

Boye, B. , Brillas, E. , Marselli, B. , Michaud, P. A. , Comninellis, C. , Farnia, G. , and Sandona, G. : Electrochemical incineration of chloromethylphenoxy herbicides in acid medium by anodic oxidation with boron-doped diamond electrode, Electrochim Acta, 51, 2872 –2880, 2006.

Boye, B. , Brillas, E. , Marselli, B. , Michaud, P. , Comninellis, C. , Farnia, G. , and Sandonà, G. : Electrochemical incineration of chloromethylphenoxy herbicides in acid medium by anodic oxidation with boron-doped diamond electrode, Electrochim Acta, 51, 2872 –2880, 2006.

Boye, B. , Michaud, P. A. , Marselli, B. , Dieng, M. M. , Brillas, E. , and Comninellis, C. : Anodic oxidation of 4 –chlorophenoxyacetic acid on synthetic boron-doped diamond electrodes, New Diam. Front. C Tec. , 12, 63 –72, 2002.

Brillas, E. , Boye, B. , Sires, I. , Garrido, J. A. , Rodriguez, R. M. , Arias, C. , Cabot, P. L. , and Comninellis, C. : Electrochemical destruction of chlorophenoxy herbicides by anodic oxidation and electro-Fenton using a boron-doped diamond electrode, Electrochim. Acta, 49, 4487 –4496, 2004.

Brillas, E. , Boye, B. , Sirés, I. , Garrido, J. A. , Rodr′ guez, R. M. , Arias, C. , Cabot, P. , and Comninellis, C. : Electrochemical destruction of chlorophenoxy herbicides by anodic oxidation and electro-Fenton using a boron-doped diamond electrode, Electrochim. Acta, 49, 4487 –4496, 2004.

Brown, N. W., Roberts, E., Garforth, A. A., and Dryfe, R.: Electrochemical regeneration of a carbon-based adsorbent loaded with crystal violet dye, Electrochim. Acta, 49, 3269 – 3281, 2004.

Buchtmann, C., Kies, U., Deckwer, W. D., and Hecht, V.: Performance of three phase fluidized bed reactor for quinoline degradation on various supports at steady state and dynamic conditions, Biotechnol. Bioeng., 56, 295 – 303, 1997.

Cañizares, P., Paz, R., Sáez, C., and Rodrigo, M. A.: Costs of the electrochemical oxidation of wastewaters: A comparison with ozonation and Fenton oxidation processes, J. Environ. Manage., 90, 410 – 420, 2009.

Cao, X. Y., Oda, Y., and Shiraishi, F.: Photocatalytic and adsorptive treatment of 2, 4 – dinitrophenol using a TiO_2 film covering activated carbon surface, Chem. Eng. J., 156, 98 – 105, 2010.

Cermenati, L., Pichat, P., Guillard, C., and Albini, A.: Probing the TiO_2 photocatalytic mechanisms in water purification by use of quinoline, photo-fenton generated OH. radicals and superoxide dismutase, J. Phys. Chem. B, 101, 2650 – 2658, 1997.

Charinpanitkul, T., and Tanthapanichakoon, W.: Regeneration of activated carbons saturated with pyridine or phenol using supercritical water oxidation method enhanced with hydrogen peroxide, J. Ind. Eng. Chem., 17, 570 – 574, 2011.

Chen, G. H.: Electrochemical technologies in wastewater treatment, Sep. Purif. Technol., 38, 11 – 41, 2004.

Chen, Y. C., Tai, N. H., and Lin, I. N.: Substrate temperature effects on the electron field emission properties of nitrogen doped ultra-nanocrystalline diamond, Diam. Relat. Mater., 17, 457 – 461, 2008.

Chepurov, A. I., Yelisseyev, A. P., Zhimulev, E. I., Sonin, V. M., Fedorov, I. I., and Chepurov, A. A.: High-pressure, high-temperature processing of low-nitrogen boron-doped diamond, Inorg. Mater., 44, 377 – 381, 2008.

Comninellis, C.: Electrocatalysis in the electrochemical conversion/combustion of organic pollutants for waste water treatment, Electrochim. Acta, 39, 1857 – 1862, 1994.

Comninellis, C.: Electrocatalysis in the electrochemical conversion/combustion of organic pollutants for waste water treatment, Electrochim. Acta, 39, 1857 – 1862, 1994.

Constant, L., and Le Normand, F.: HFCVD diamond nucleation and growth on polycrystalline copper: A kinetic study, Thin Solid Films, 516, 691 – 695, 2008.

CorreaLozano, B., Comninellis, C., and DeBattisti, A.: Service life of Ti/SnO_2-Sb_2O_5 anodes, J Appl. Electrochem., 27, 970 – 974, 1997.

Delmas, H., Creanga, C., Julcour-Lebigue, C., and Wilhelm, A. M.: AD-OX: A sequential oxidative process for water treatment-Adsorption and batch CWAO regeneration of activated carbon, Chem. Eng. J., 152, 189 – 194, 2009.

Demirbas, A.: Supercritical fluid extraction and chemicals from biomass with supercritical fluids, Energ. Convers Manage., 42, 279 – 294, 2001.

Deveci, H., Yazici, E. Y., Alp, I., and Uslu, T.: Removal of cyanide from aqueous solutions by plain and metal-impregnated granular activated carbons, Int J Miner Process, 79, 198 – 208, 2006.

Devi, L. G., Rajashekhar, K. E., Raju, K., and Kumar, S. G.: Influence of various aromatic derivatives on the advanced photo Fenton degradation of Amaranth dye, Desalination, 270, 31 – 39, 2011.

Devi, L. G., Raju, K., Kumar, S. G., and Rajashekhar, K. E.: Photo-degradation of di azo dye Bismarck Brown by advanced photo-Fenton process: Influence of inorganic anions and evaluation of recycling efficiency of iron powder, J. Taiwan Inst. Chem. E., 42, 341 – 349, 2011.

Ding, Y. B., Yang, C. Z., Zhu, L. H., and Zhang, J. D.: Photoelectrochemical activity of liquid phase deposited TiO_2 film for degradation of benzotriazole, J Hazard Mater, 175, 96 – 103, 2010.

Drogui, P., Elmaleh, S., Rumeau, M., Bernard, C., and Rambaud, A.: Oxidising and disinfecting by hydrogen peroxide produced in a two-electrode cell, Water Res., 35, 3235 – 3241, 2001.

Duan, X. H., Kannan, C. S., Qu, W. W., Wang, X., Peng, J. H., Zhang, L. B., and Xia, H. Y.: Thermal regeneration of spent coal-based activated carbon using carbon dioxide: process optimisation, Methylene Blue decolorisation isotherms and kinetics, Color Technol., 128, 464 – 472, 2012.

Eaton, S. C., Anderson, A. B., Angus, J. C., Evstefeeva, Y. E., and Pleskov, Y. V.: Co-doping of diamond with boron and sulfur, Electrochem. Solid St., 5, G65 – G68, 2002.

Fang, T. , Liao, L. X. , Zhan, S. H. , and Wu, X. L. : Photoelectrocatalytic Decolorization of Reactive Brilliant Red X – 3B, Asian J Chem, 25, 807 – 810, 2013.

Feng, Y. , Cui, Y. , Logan, B. , and Liu, Z. : Performance of Gd-doped Ti-based Sb-SnO_2 anodes for electrochemical destruction of phenol, Chemosphere, 70, 1629 – 1636, 2008.

Fetzner, S. : Bacterial degradation of pyridine, indole, quinoline, and their derivatives under different redox conditions, Appl. Microbiol. Biot. , 49, 237 – 250, 1998.

Fetzner, S. , Tshisuaka, B. , Lingens, F. , Kappl, R. , and Huttermann, J. : Bacterial degradation of quinoline and derivatives-Pathways and their biocatalysts, Angew. Chem. Int. Edit. , 37, 577 – 597, 1998.

Flox, C. , Cabot, P. L. , Centellas, F. , Garrido, J. A. , Rodríguez, R. M. , Arias, C. , and Brillas, E. : Electrochemical combustion of herbicide mecoprop in aqueous medium using a flow reactor with a boron-doped diamond anode, Chemosphere, 64, 892 – 902, 2006.

Foo, K. Y. , and Hameed, B. H. : Decontamination of textile wastewater via TiO_2/activated carbon composite materials, Adv. Colloid Interfac. , 159, 130 – 143, 2010.

Foti, G. , Gandini, D. , Comninellis, C. , Perret, A. , and Haenni, W. : Oxidation of organics by intermediates of water discharge on IrO_2 and synthetic diamond anodes, Electrochem. Solid St. , 2, 228 – 230, 1999.

Franklin, T. C. , Darlington, J. , Solouki, T. , and Ngoc, T. : Theuse of the oxidation of barium peroxide in aqueous surfactant systems in the electrolytic destruction of organic-compounds, J. Electrochem. Soc. , 138, 2285 – 2288, 1991.

Franklin, T. C. , Oliver, G. , Nnodimele, R. , and Couch, K. : Destruction of halogenated hydrocarbons accompanied by generation of electricity, J. Electrochem. Soc. , 139, 2192 – 2195, 1992.

Gai, K. , Qi, H. L. , Zhang, Y. Q. , and Ma, D. P. : Degradation of indole in aqueous solution using contact glow discharge plasma, J. Appl. Electrochem. , 40, 615 – 619, 2010.

Gandini, D. , Michaud, P. A. , Duo, I. , Mahe, E. , Haenni, W. , Perret, A. , and Comninellis, C. : Electrochemical behavior of synthetic boron-doped diamond thin film anodes, New Diam. Front. C Tec., 9, 303 – 316, 1999.

Gao, J. X., Zhao, G. H., Shi, W., and Li, D. M.: Microwave activated electrochemical degradation of 2, 4 – dichlorophenoxyacetic acid at boron-doped diamond electrode, Chemosphere, 75, 519 – 525, 2009.

Garcia-Segura, S., Garrido, J. A., Rodríguez, R. M., Cabot, P. L., Centellas, F., Arias, C., and Brillas, E.: Mineralization of flumequine in acidic medium by electro-Fenton and photoelectro-Fenton processes, Water Res., 46, 2067 – 2076, 2012.

Gattrell, M., and Kirk, D. W.: The electrochemical oxidation of aqueous phenol at a glassy-carbon electrode, Can J. Chem. Eng., 68, 997 – 1003, 1990.

Giger, W., Schaffner, C., and Kohler, H.: Benzotriazole and tolyltriazole as aquatic contaminants. 1. Input and occurrence in rivers and lakes, Environ. Sci. Technol., 40, 7186 – 7192, 2006.

Gonzalez, J. F., Encinar, J. M., Ramiro, A., and Sabio, E.: Regeneration by wet oxidation of an activated carbon saturated with p-nitrophenol, Ind. Eng. Chem. Res., 41, 1344 – 1351, 2002.

Gu, J. D., Fan, Y. Z., and Shi, H. C.: Relationship between structures of substituted indolic compounds and their degradation by marine anaerobic microorganisms, Mar. Pollut. Bull, 45, 379 – 384, 2002.

Guo, D. S., Shi, Q. T., He, B. B., and Yuan, X. Y.: Different solvents for the regeneration of the exhausted activated carbon used in the treatment of coking wastewater, J. Hazard. Mater., 186, 1788 – 1793, 2011.

Hansch, C., Leo, A., and Taft, R. W.: A Survey of Hammett substituent constants and resonance and field parameters, Chem. Rev., 91, 165 – 195, 1991.

Higa, A., Hatta, A., Ito, T., Toguchi, M., and Hiraki, A.: High-rate synthesis of highly oriented diamond films on silicon by DC arc plasma jet CVD, Diamond Filmes and Technology, 6, 277 – 282, 1996.

Horikoshi, S., and Hidaka, H.: Photodegradation mechanism of heterocyclic two-nitrogen containing compounds in aqueous TiO_2 dispersions by computer simulation, J. Photoch. Photobio. A, 141, 201 – 207, 2001.

Horng, R. S., and Tseng, I. C.: Regeneration of granular activated carbon saturated with acetone and isopropyl alcohol via a recirculation process under H_2O_2/UV oxidation, J. Hazard. Mater. , 154, 366 – 372, 2008.

Hsu, Y. , Chen, J. , and Yang, H. : Calcium enhanced COD removal for the ozonation of phenol solution, Water Res. , 41, 71 – 78, 2007.

Hu, W. J. , Niu, C. G. , Wang, Y. , Zeng, G. M. , and Wu, Z. : Nitrogenous heterocyclic compounds degradation in the microbial fuel cells, Process Saf. Environ. , 89, 133 – 140, 2011.

Huang, X. , and Wang, X. M. : Toxicity change patterns and its mechanism during the degradation of nitrogen-heterocyclic compounds by O_3/UV, Chemosphere, 69, 747 – 754, 2007.

Hutton, L. A. , Vidotti, M. , Iacobini, J. G. , Kelly, C. , Newton, M. E. , Unwin, P. R. , and Macpherson, J. V. : Fabrication and Characterization of an All-Diamond Tubular Flow Microelectrode for Electroanalysis, Anal. Chem. , 83, 5804 – 5808, 2011.

Jeong, J. , Kim, C. , and Yoon, J. : The effect of electrode material on the generation of oxidants and microbial inactivation in the electrochemical disinfection processes, Water Res. , 43, 895 – 901, 2009.

Jia, Y. , Molstad, L. , Frostegard, A. , Aagaard, P. , Breedveld, G. D. , and Bakken, L. R. : Kinetics of microbial growth and degradation of organic substrates in subsoil as affected by an inhibitor, benzotriazole: Model based analyses of experimental results, Soil Biol. Biochem. , 39, 1597 – 1608, 2007.

Jiang, Y. , Zhu, X. P. , Li, H. N. , and Ni, J. R. : Effect of nitro substituent on electrochemical oxidation of phenols at boron-doped diamond anodes, Chemosphere, 78, 1093 – 1099, 2010.

Jin, Y. N. , Wu, M. F. , Zhao, G. H. , and Li, M. F. : Photocatalysis-enhanced electrosorption process for degradation of high-concentration dye wastewater on TiO_2/carbon aerogel, Chem. Eng. J. , 168, 1248 – 1255, 2011.

Johansen, S. S. , Licht, D. , Arvin, E. , Mosbaek, H. , and Hansen, A. B. : Metabolic pathways of quinoline, indole and their methylated analogs by Desulfobacterium indolicum (DSM 3383), Appl. Microbiol. Biot. , 47, 292 – 300, 1997.

Julcour-Lebigue, C. , Krou, N. J. , Andriantsiferana, C. , Wilhelm, A. M. , and Delmas, H. : Assessment and Modeling of a Sequential Process for Water Treatment-Adsorption and Batch CWAO Regeneration of Activated Carbon, Ind. Eng. Chem. Res. , 51, 8867 - 8874, 2012.

Kalish, R. : The search for donors in diamond, Diam. Relat. Mater. , 10, 1749 - 1755, 2001.

Kapalka, A. , Foti, G. , and Comninellis, C. : Kinetic modelling of the electrochemical mineralization of organic pollutants for wastewater treatment, J. Appl. Electrochem. , 38, 7 - 16, 2008.

Keech, P. G. , Chartrand, M. , and Bunce, N. J. : Oxidation of simple indoles at a platinum anode, J. Electroanal. Chem. , 534, 75 - 78, 2002.

Keech, P. G. , and Bunce, N. J. : Electrochemical oxidation of simple indoles at a PbO_2 anode, J Appl. Electrochem. , 33, 79 - 83, 2003.

Kim, K. , and Ihm, S. : Characteristics of titania supported copper oxide catalysts for wet air oxidation of phenol, J. Hazard. Mater. , 146, 610 - 616, 2007.

Kobeticova, K. , Buchlebova, J. , Lana, J. , Sochova, I. , and Hofman, J. : Toxicity of four nitrogen-heterocyclic polyaromatic hydrocarbons (NPAHs) to soil organisms, Ecotox. Environ. Safe. , 71, 650 - 660, 2008.

Kong, J. , Shi, S. , Kong, L. , Zhu, X. , and Ni, J. : Preparation and characterization of PbO_2 electrodes doped with different rare earth oxides, Electrochim. Acta, 53, 2048 - 2054, 2007.

Koparal, A. S. , Önder, E. , and Öütveren, Ü. B. : Removal of linear alkylbenzene sulfonate from a model solution by continuous electrochemical oxidation, Desalination, 197, 262 - 272, 2006.

Körbahti, B. K. : Response surface optimization of electrochemical treatment of textile dye wastewater, J. Hazard. Mater. , 145, 277 - 286, 2007.

Kraft, A. : Doped diamond: A compact review on a new, versatile electrode material, Int. J. Electrochem. Sc. , 2, 355 - 385, 2007.

Krawczyk, P. , and Skowronski, J. M. : Electrochemical reactivation of expanded graphite electrodes covered by oligomeric products of phenol electrooxidation, Electrochim. Acta, 79, 202 - 209, 2012.

Kyzas, G. Z. , Kostoglou, M. , Vassiliou, A. A. , and Lazaridis, N. K. :

Treatment of real effluents from dyeing reactor: Experimental and modeling approach by adsorption onto chitosan, Chem. Eng. J., 168, 577 – 585, 2011.

Lai, P., Zhao, H., Zeng, M., and Ni, J.: Study on treatment of coking wastewater by biofilm reactors combined with zero-valent iron process, J. Hazard. Mater., 162, 1423 – 1429, 2009.

Lawrence, N. S., Pagels, M., Meredith, A., Jones, T., Hall, C. E., Pickles, C., Godfried, H. P., Banks, C. E., Compton, R. G., and Jiang, L.: Electroanalytical applications of boron-doped diamond microelectrode arrays, Talanta., 69, 829 – 834, 2006.

Lazea, A., Garino, Y., Teraji, T., and Koizumi, S.: High quality p-type chemical vapor deposited {111} -oriented diamonds: Growth and fabrication of related electrical devices, Phys. Status. Solidi. A, 209, 1978 – 1981, 2012.

Lei, X. H., Li, M., Zhang, Z. Y., Feng, C. P., Bai, W., and Sugiura, N.: Electrochemical regeneration of zeolites and the removal of ammonia, J. Hazard. Mater., 169, 746 – 750, 2009.

Leitner, N., and Roshani, B.: Kinetic of benzotriazole oxidation by ozone and hydroxyl radical, Water Res., 44, 2058 – 2066, 2010.

Li, H., Zhu, X., Jiang, Y., and Ni, J.: Comparative electrochemical degradation of phthalic acid esters using boron-doped diamond and Pt anodes, Chemosphere, 80, 845 – 851, 2010.

Li, X. Y., Cui, Y. H., Feng, Y. J., Xie, Z. M., and Gu, J. D.: Reaction pathways and mechanisms of the electrochemical degradation of phenol on different electrodes, Water Res., 39, 1972 – 1981, 2005.

Li, Y. M., Gu, G. W., Zhao, J. F., and Yu, H. Q.: Anoxic degradation of nitrogenous heterocyclic compounds by acclimated activated sludge, Process Biochem., 37, 81 – 86, 2001.

Lindermeir, A., Horst, C., and Hoffmann, U.: Ultrasound assisted electrochemical oxidation of substituted toluenes, Ultrason Sonochem., 10, 223 – 229, 2003.

Liu, L. Y., Wen, J. J., Yang, Y., and Tan, W.: Ultrasound field distribution and ultrasonic oxidation desulfurization efficiency, Ultrason Sonochem., 20, 696 – 702, 2013.

Lu, P. J. , Lin, H. C. , Yu, W. T. , and Chern, J. M. : Chemical regeneration of activated carbon used for dye adsorption, J. Taiwan Inst. Chem. E. , 42, 305 - 311, 2011.

Lu, Y. J. , Li, S. , and Guo, L. J. : Hydrogen production by supercritical water gasification of glucose with $Ni/CeO_2/Al_2O_3$: Effect of Ce loading, Fuel, 103, 193 - 199, 2013.

Maroto-Valer, M. M. , Dranca, I. , Clifford, D. , Lupascu, T. , Nastas, R. , and Leon, C. : Thermal regeneration of activated carbons saturated with ortho-and meta-chlorophenols, Thermochim. Acta, 444, 148 - 156, 2006.

Marselli, B. , Garcia-Gomez, J. , Michaud, P. A. , Rodrigo, M. A. , and Comninellis, C. : Electrogeneration of hydroxyl radicals on boron-doped diamond electrodes, J. Electrochem. Soc, 150, D79 - D83, 2003.

Martínez-Huitle, C. A. , Quiroz, M. A. , Comninellis, C. , Ferro, S. , and Battisti, A. D. : Electrochemical incineration of chloranilic acid using Ti/IrO_2, Pb/PbO_2 and Si/BDD electrodes, Electrochim. Acta, 50, 949 - 956, 2004.

Martinez-Huitle, C. A. , and Brillas, E. : Electrochemical alternatives for drinking water disinfection, Angew Chem. Int. Edit. , 47, 1998 - 2005, 2008.

Martinez-Huitle, C. A. , and Ferro, S. : Electrochemical oxidation of organic pollutants for the wastewater treatment: direct and indirect processes, Chem. Soc. Rev. , 35, 1324 - 1340, 2006.

Mascia, M. , Vacca, A. , Polcaro, A. M. , Palmas, S. , Ruiz, J. R. , and Da Pozzo, A. : Electrochemical treatment of phenolic waters in presence of chloride with boron-doped diamond (BDD) anodes: Experimental study and mathematical model, J. Hazard. Mater. , 174, 314 - 322, 2010.

Meshram, S. , Limaye, R. , Ghodke, S. , Nigam, S. , Sonawane, S. , and Chikate, R. : Continuous flow photocatalytic reactor using ZnO-bentonite nanocomposite for degradation of phenol, Chem. Eng. J. , 172, 1008 - 1015, 2011.

Meyer, S. , Cartellieri, S. , and Steinhart, H. : Simultaneous determination of PAHs, hetero-PAHs (N, S, O), and their degradation products in creosote-contaminated soils. Method development, validation, and application to hazardous waste sites, Anal. Chem. , 71, 4023 - 4029, 1999.

Michaud, P. A. , Panizza, M. , Ouattara, L. , Diaco, T. , Foti, G. , and Comninellis, C. : Electrochemical oxidation of water on synthetic boron-doped diamond thin film anodes, J. Appl. Electrochem. , 33, 151 – 154, 2003.

Mohammed, F. M. , Roberts, E. , Hill, A. , Campen, A. K. , and Brown, N. W. : Continuous water treatment by adsorption and electrochemical regeneration, Water Res. , 45, 3065 – 3074, 2011.

Moravia, W. G. , Amaral, M. , and Lange, L. C. : Evaluation of landfill leachate treatment by advanced oxidative process by Fenton's reagent combined with membrane separation system, Waste Manage, 33, 89 – 101, 2013.

Morteza, Atabati, Farzaneh, and Khandani: Ant colony optimization as a descriptor selection in QSPR modeling for prediction of λmax of azo dyes, 中国化学快报：英文版, 23, 1209 – 1212, 2012.

Nahm, S. W. , Shim, W. G. , Park, Y. K. , and Kim, S. C. : Thermal and chemical regeneration of spent activated carbon and its adsorption property for toluene, Chem. Eng. J. , 210, 500 – 509, 2012.

Narbaitz, R. M. , and McEwen, J. : Electrochemical regeneration of field spent GAC from two water treatment plants, Water Res. , 46, 4852 – 4860, 2012.

Ogunsola, O. M. : Decomposition of isoquinoline and quinoline by supercritical water, J. Hazard. Mater. , 74, 187 – 195, 2000.

Okawa, K. , Suzuki, K. , Takeshita, T. , and Nakano, K. : Regeneration of granular activated carbon with adsorbed trichloroethylene using wet peroxide oxidation, Water Res. , 41, 1045 – 1051, 2007.

Ozeki, K. , Kobayashi, S. , Hirakuri, K. K. , Aoki, H. , and Fukui, Y. : Oxygen plasma pre-treatment improves the wear properties of a diamond-like carbon film coated on UHMWPE and PMMA for biomaterials, Bio-Med. Mater. Eng. , 17, 175 – 182, 2007.

Panizza, M. , Kapalka, A. , and Comninellis, C. : Oxidation of organic pollutants on BDD anodes using modulated current electrolysis, Electrochim. Acta, 53, 2289 – 2295, 2008.

Panizza, M. , Michaud, P. A. , Cerisola, G. , and Comninellis, C. : Anodic oxidation of 2 – naphthol at boron-doped diamond electrodes, J. Electroanal. Chem. ,

507, 206 - 214, 2001.

Panizza, M., and Cerisola, G.: Application of diamond electrodes to electrochemical processes, Electrochim. Acta, 51, 191 - 199, 2005.

Panizza, M., and Cerisola, G.: Electro-Fenton degradation of synthetic dyes, Water Res., 43, 339 - 344, 2009.

Panizza, M., and Cerisola, G.: Influence of anode material on the electrochemical oxidation of 2 - naphthol: Part 1. Cyclic voltammetry and potential step experiments, Electrochim. Acta, 48, 3491 - 3497, 2003.

Panizza, M., and Cerisola, G.: Influence of anode material on the electrochemical oxidation of 2 - naphthol: Part 2. Bulk electrolysis experiments, Electrochim. Acta, 49, 3221 - 3226, 2004.

Parsa, J. B., Rezaei, M., and Soleymani, A. R.: Electrochemical oxidation of an azo dye in aqueous media investigation of operational parameters and kinetics, J. Hazard. Mater., 168, 997 - 1003, 2009.

Pimentel, M., Oturan, N., Dezotti, M., and Oturan, M. A.: Phenol degradation by advanced electrochemical oxidation process electro-Fenton using a carbon felt cathode, Applied Catalysis B: Environmental, 83, 140 - 149, 2008.

Polaert, I., Wilhelm, A. M., and Delmas, H.: Phenol wastewater treatment by a two-step adsorption-oxidation process on activated carbon, Chem. Eng. Sci., 57, 1585 - 1590, 2002.

Qu, G. Z., Li, J., Wu, Y., Li, G. F., and Li, D.: Regeneration of acid orange 7 - exhausted granular activated carbon with dielectric barrier discharge plasma, Chem. Eng. J., 146, 168 - 173, 2009.

Qu, X., Gao, W. J., Han, M. N., Chen, A., and Liao, B. Q.: Integrated thermophilic submerged aerobic membrane bioreactor and electrochemical oxidation for pulp and paper effluent treatment-towards system closure, Bioresource Technol, 116, 1 - 8, 2012.

Quan, X., Yang, S. G., Ruan, X. L., and Zhao, H. M.: Preparation of titania nanotubes and their environmental applications as electrode, Environ. Sci. Technol., 39, 3770 - 3775, 2005.

Quesada-Penate, I., Julcour-Lebigue, C., Jauregui-Haza, U. J., Wilhelm,

A. M. , and Delmas, H. : Degradation of paracetamol by catalytic wet air oxidation and sequential adsorption-Catalytic wet air oxidation on activated carbons, J. Hazard. Mater. , 221, 131 – 138, 2012.

Richards, D. J. , and Shieh, W. K. : Biologicalfateof organic priority pollutants in the aquatic environment, Water Res. , 20, 1077 – 1090, 1986.

Roul, B. K. , Nayak, B. B. , Mishra, P. K. , and Mohanty, B. C. : Diamond and diamond-like-carbon growth on Si (100) by hot filament-assisted RF plasma CVD, J. Mater. Synth. Proces. , 7, 281 – 288, 1999.

Saito, T. , Park, K. H. , Hirama, K. , Umezawa, H. , Satoh, M. , Kawarada, H. , Liu, Z. Q. , Mitsuishi, K. , Furuya, K. , and Okushi, H. : Fabrication of Metal-Oxide-Diamond Field-Effect Transistors with Submicron-Sized Gate Length on Boron-Doped (111) H-Terminated Surfaces Using Electron Beam Evaporated SiO_2 and Al_2O_3, J. Electron. Mater. , 40, 247 – 252, 2011.

Salvador, F. , Martin-Sanchez, N. , Sanchez-Montero, M. J. , Montero, J. , and Izquierdo, C. : Regeneration of activated carbons contaminated by phenol using supercritical water, J. Supercrit. Fluid, 74, 1 – 7, 2013.

Schwell, M. , Jochims, H. W. , Baumgartel, H. , and Leach, S. : VUV photophysics and dissociative photoionization of pyrimidine, purine, imidazole and benzimidazole in the 7 – 18 eV photon energy range, Chem. Phys. , 353, 145 – 162, 2008.

Seredych, M. , Rawlins, J. , and Bandosz, T. J. : Investigation of the Thermal Regeneration Efficiency of Activated Carbons Used in the Desulfurization of Model Diesel Fuel, Ind. Eng. Chem. Res. , 50, 14097 – 14104, 2011.

Smirnov, W. , Kriele, A. , Hoffmann, R. , Sillero, E. , Hees, J. , Williams, O. A. , Yang, N. J. , Kranz, C. , and Nebel, C. E. : Diamond-Modified AFM Probes: From Diamond Nanowires to Atomic Force Microscopy-Integrated Boron-Doped Diamond Electrodes, Anal. Chem. , 83, 4936 – 4941, 2011.

Stern, M. C. , Simeon, F. , Hammer, T. , Landes, H. , Herzog, H. J. , and Hatton, T. A. : Electrochemically Mediated Separation for Carbon Capture. 10th Internationalconference on greenhouse gas control technologies, Elsevier Science Bv. , Amsterdam, 2011.

Stucki, S. , Kotz, R. , Carcer, B. , and Suter, W. : Electrocheimcal wastewater treatment using high overvoltage anodes . 2. Anode performance and applications, J. Appl. Electrochem. , 21, 99 – 104, 1991.

Tavares, M. G. , Da Silva, L. , Solano, A. , Tonholo, J. , Martinez-Huitle, C. A. , and Zanta, C. : Electrochemical oxidation of Methyl Red using Ti/Ru0. 3Ti0. 7O_2 and Ti/Pt anodes, Chem. Eng. J. , 204, 141 – 150, 2012.

Torres, R. A. , Torres, W. , Peringer, P. , and Pulgarin, C. : Electrochemical degradation of p-substituted phenols of industrial interest on Pt electrodes. Attempt of a structure-reactivity relationship assessment, Chemosphere, 50, 97 – 104, 2003.

Vaddiraju, S. , Eaton-Magana, S. , Chaney, J. A. , and Sunkara, M. K. : UPS of boron-sulfur Co-doped, n-type diamond, Electrochem. Solid St. , 7, G331 – G334, 2004.

Vasilieva, V. , Janik, L. , Scherr, K. E. , Edelmann, E. , and Loibner, A. P. : Data evaluation of tar oil degradation using comprehensive GC (2) /MS: individual compounds and principal component analysis, J. Chem. Technol. Biot. , 87, 1237 – 1245, 2012.

Vatistas, N. : Adsorption layer and its characteristic to modulate the electro-oxidation runway of organic species, J. Appl. Electrochem. , 40, 1743 – 1750, 2010.

Vera Pérez, I. , Rogak, S. , and Branion, R. : Supercritical water oxidation of phenol and 2, 4-dinitrophenol, The Journal of Supercritical Fluids, 30, 71 – 87, 2004.

Wallace, L. , Cronin, M. P. , Day, A. I. , and Buck, D. P. : Electrochemical Method Applicable to Treatment of Wastewater from Nitrotriazolone Production, Environ. Sci. Technol. , 43, 1993 – 1998, 2009.

Wang, J. L. , Quan, X. C. , Wu, L. B. , Qian, Y. , and Hegemann, W. : Bioaugmentation as a tool to enhance the removal of refractory compound in coke plant wastewater, Process Biochem. , 38, 777 – 781, 2002.

Wang, L. Z. , and Balasubramanian, N. : Electrochemical regeneration of granular activated carbon saturated with organic compounds, Chem. Eng. J. , 155, 763 – 768, 2009.

Wang, S. B. , Li, H. T. , Xie, S. J. , Liu, S. L. , and Xu, L. Y. : Physical and chemical regeneration of zeolitic adsorbents for dye removal in wastewater treatment,

Chemosphere, 65, 82 – 87, 2006.

Wang, X. M., Huang, X., Zuo, C. Y., and Hu, H. Y.: Kinetics of quinoline degradation by O_3/UV in aqueous phase, Chemosphere, 55, 733 – 741, 2004.

Wei, J., Zhu, X., and Ni, J.: Electrochemical oxidation of phenol at boron-doped diamond electrode in pulse current mode, Electrochim. Acta, 56, 5310 – 5315, 2011.

Wei, L., Guo, S., Yan, G., Chen, C., and Jiang, X.: Electrochemical pretreatment of heavy oil refinery wastewater using a three-dimensional electrode reactor, Electrochim. Acta, 55, 8615 – 8620, 2010.

Weiss, S., Jakobs, J., and Reemtsma, T.: Discharge of three benzotriazole corrosion inhibitors with municipal wastewater and improvements by membrane bioreactor treatment and ozonation, Environ. Sci. Technol., 40, 7193 – 7199, 2006.

Wu, S. J., Cheng, L. F., and Zhang, L. T.: Oxidation behavior of 3D Hi-Nicalon/SiC composite exposed in wet and simulated air environments, Corros Sci, 66, 111 – 117, 2013.

Xing, X., Zhu, X., Li, H., Jiang, Y., and Ni, J.: Electrochemical oxidation of nitrogen-heterocyclic compounds at boron-doped diamond electrode, Chemosphere, 86, 368 – 375, 2012.

Yu, H., Chen, S., Quan, X., Zhao, H., and Zhang, Y.: Fabrication of a TiO_2-BOD heterojunction and its application as a photocatalyst for the simultaneous oxidation of an azo dye and reduction of Cr (VI), Environ Sci Technol, 42, 3791 – 3796, 2008.

Yuan, C., Dai, Y. D., and Hung, C. H.: Regeneration of spent carbon nanotube by electrokinetic process with binary metallic oxide electrodes of MnO_2/Ti RuO_2/Ti, and PbO_2/Ti, Sep. Purif. Technol., 79, 238 – 245, 2011.

Zaleschi, L., Teodosiu, C., Cretescu, I., and Rodrigo, M. A.: A comparative study of electrocoagulation and chemical coagulation processes applied for wastewater treatment, Environ. Eng. Manag. J., 11, 1517 – 1525, 2012.

Zazo, J. A., Casas, J. A., Mohedano, A. F., and Rodriguez, J. J.: Semi-continuous Fenton oxidation of phenol in aqueous solution. A kinetic study, Water Res., 43, 4063 – 4069, 2009.